全国建材行业创新规划教材

高等职业教育校企“双元”合作活页式教材

现代浮法玻璃成形退火技术

主　编｜孟秀华　周美茹　纪福顺

副主编｜张金赞

参　编｜陈　福　庞晓光　刘卫东　李东升

中国建材工业出版社

图书在版编目（CIP）数据

现代浮法玻璃成形退火技术/孟秀华，周美茹，纪福顺主编 . -- 北京：中国建材工业出版社，2022. 12

全国建材行业创新规划教材　高等职业教育校企“双元”合作活页式教材

ISBN 978-7-5160-3395-1

Ⅰ. ①现…　Ⅱ. ①孟… ②周… ③纪…　Ⅲ. ①玻璃成型-退火-高等职业教育-教材　Ⅳ. ①TQ171. 6

中国版本图书馆 CIP 数据核字（2021）第 247843 号

现代浮法玻璃成形退火技术

Xiandai Fufa Boli Chengxing Tuihuo Jishu

主　编　孟秀华　周美茹　纪福顺

副主编　张金赞

参　编　陈　福　庞晓光　刘卫东　李东升

出版发行：中国建材工业出版社

地　　址：北京市海淀区三里河路 11 号

邮　　编：100831

经　　销：全国各地新华书店

印　　刷：中煤（北京）印务有限公司

开　　本：787mm×1092mm　1/16

印　　张：16. 5

字　　数：280 千字

版　　次：2022 年 12 月第 1 版

印　　次：2022 年 12 月第 1 次

定　　价：59. 80 元

本社网址：www. jccbs. com，微信公众号：zgjcgycbs

请选用正版图书，采购、销售盗版图书属违法行为

本书如有印装质量问题，由我社市场营销部负责调换，联系电话：（010）57811387

前言

教育部先后印发了《国家职业教育改革实施方案》《职业院校教材管理办法》《“十四五”职业教育规划教材建设实施方案》等文件，明确提出建设一大批校企“双元”合作开发的国家规划教材，倡导使用新型活页式、工作手册式教材并配套开发信息化资源。为此，河北建材职业技术学院材料工程系玻璃专业教师团队合作开发了《现代浮法玻璃成形退火技术》活页式教材。

本书紧密结合现代先进浮法玻璃企业生产实际，主要内容为介绍现代浮法玻璃成形和退火工艺、作业制度、操作方法、浮法玻璃常见缺陷分析与处理，以及锡槽和退火窑两套热工设备的结构等。全书共设 6 个模块，每个模块下分为若干个学习任务。学习任务以引导问题的形式提出，以学生为主体，引导学生进行探究式学习，学生通过查阅资料、扫描二维码学习视频、动画等信息化资源，再通过小组讨论、模拟仿真系统进行模拟训练等方式完成相关任务，最后通过学生自评、互评和师评的三方评价取得该任务成绩。

本书的特点有：

（1）具备活页式教材特点，灵活方便，便于学生使用学习；

（2）突出职业教育特点，以问题引导方式，采用启发式教学模式；

（3）教材采用多种信息化手段，将大量的视频、动画、课件等以二维码形式呈现，为学生提供海量学习资源，方便学生随时随地学习；

（4）教材将课程思政融入教学内容之中，潜移默化，培养高素质技能型人才；

（5）校企合作开发教材，河北南玻、天津信义、耀华玻璃等集团公司为本教材提供了大量生产实际案例。

本书的编写团队成员都是具有多年企业生产经历和教学经验的老师。孟秀华老师编写模块 1、3、6；张金赞老师编写模块 4、5；纪福顺老师编写模块 2；周美茹老师负责全书质量把关。

本书在编写过程中得到了秦皇岛耀华玻璃集团公司刘卫东、李东升，秦皇岛玻璃工业研究设计院有限公司陈福，中国建材检验认证集团公司庞晓光等专家的大力支持。在此表示诚挚的感谢！

尽管我们在编写过程中付出了很多心血和努力，但限于编者水平，本书若有不妥之处，恳请各教学单位、企事业单位及广大读者批评指正。

编　者

2022 年 10 月

目录

模块 1

浮法玻璃成形工艺控制

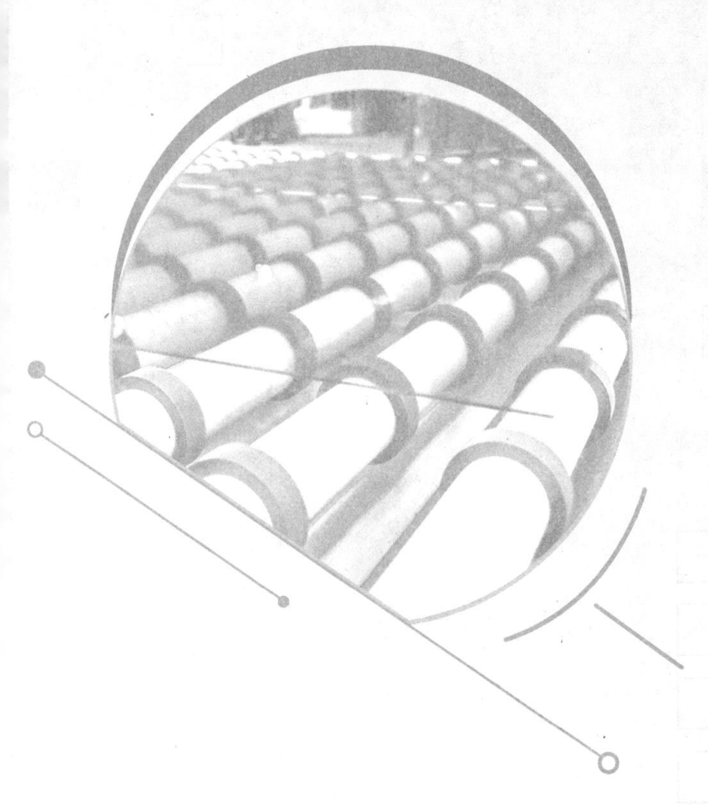

学习向导

知识导读

浮法玻璃成形作业是在锡槽内完成的。要想生产出优质的浮法玻璃，必须保证温度制度、压力制度和气氛制度的稳定。由于温差的存在和玻璃带的带动，锡液在锡槽内形成激烈的对流，不利于浮法玻璃成形作业，故要对锡液对流进行控制。

本模块主要学习浮法玻璃成形温度制度、压力制度、气氛制度和锡液对流控制。

内容简介

序号	任务名称	学习目标			建议学时
		素质目标	知识目标	技能目标	
1	浮法玻璃成形温度控制	1. 培养学生灵活运用知识的能力； 2. 培养学生与时俱进、求实创新的职业素质； 3. 培养学生工作、学习会抓重点的能力	1. 掌握玻璃的黏度、表面张力等概念； 2. 掌握浮法玻璃成形温度制度控制的关键温度点	1. 能够结合玻璃实际生产厚度设定合理的温度制度； 2. 能够对锡槽内主要温度控制点进行控制和调整	2
2	浮法玻璃成形压力控制	1. 培养学生弘扬正能量，抵御不良风气侵染的能力； 2. 增强安全意识	1. 掌握熔窑和退火窑压力对成形的影响； 2. 掌握锡槽内压力控制范围； 3. 掌握锡槽对保护气体的要求	1. 能够处理前后工段压力变化对锡槽压力的影响； 2. 能结合生产实际情况调整锡槽内的压力； 3. 能够正确调节保护气体的用量和比例	2

续表

序号	任务名称	学习目标			建议学时
		素质目标	知识目标	技能目标	
3	浮法玻璃成形气氛控制	1. 培养学生积极向善，多做好人好事，为建设社会主义和谐社会做贡献； 2. 培养学生分析问题和解决问题的能力	1. 掌握锡槽内保持还原性气氛的目的和意义； 2. 掌握玻璃的多种缺陷与锡槽气氛的相关性； 3. 掌握锡槽内保持还原性气氛的措施	1. 日常生产中能够根据成形工艺要求在锡槽内控制稳定的还原性气氛； 2. 对生产中出现的雾点、光畸变点、沾锡等缺陷能够从气氛的角度进行分析和处理； 3. 能够调节锡槽内的气氛	2
4	浮法玻璃成形锡液对流控制	1. 通过脱贫攻坚激发学生的爱党热情； 2. 培养学生系统思维和整体思维能力	1. 掌握锡液对流的原因； 2. 掌握锡液对流的影响因素	1. 在生产中发现板摆等现象会分析原因、解决问题； 2. 在日常生产中能够正确使用直线电机、挡畦等附属设备控制锡液对流	2
学习成果		LO1　绘制本模块知识点思维导图			

学习成果

为了加深对浮法玻璃成形工艺制度的认识和理解，有效提升操作和控制能力，有目标、有重点地进行学习、研究和应用实践，实现本模块的学习目标，特设计一个学习成果 LO1，请按时、高质量地完成。

一、完成学习成果 LO1 的基本要求

1. 根据本模块所学，绘制详细的包括知识点、能力要求和素质要求的思维导图。
2. 记录完成本学习成果的时间（小时数及完成日期）。

二、学习成果评价要求

评价按照：优秀（85 分以上）；合格（70~84 分）；不合格（小于 70 分）。

评价要求	等级			
	优秀	合格	不合格	得分
内容完整性 （总分 30 分）	完整齐全正确 >26	基本齐全 22~26	问题明显 <22	
条理性 （总分 30 分）	条理性强 >26	条理性较强 22~26	问题较多 <22	
书写 （总分 20 分）	工整整洁 >15	基本工整 13~15	潦草 <13	
按时完成 （总分 20 分）	按时完成 >15	延迟 2 日以内 13~15	延迟 2 日以上 <13	
总得分				

学习任务 1-1　浮法玻璃成形温度控制

任务描述

浮法玻璃成形温度制度控制是整个成形过程最重要的内容，浮法薄玻璃成形温度制度有徐冷拉薄法和低温拉薄法。根据生产实际选择恰当的成形温度制度，并对几个关键温度控制点进行控制和调整。

学习目标

素质目标	知识目标	技能目标
1. 培养学生灵活运用知识的能力； 2. 培养学生与时俱进、求实创新的职业素质； 3. 培养学生工作、学习会抓重点的能力	1. 掌握玻璃的黏度、表面张力等概念； 2. 掌握浮法玻璃成形温度制度控制的关键温度点	1. 能够结合玻璃实际生产厚度设定合理的温度制度； 2. 能够对锡槽内的主要温度控制点进行控制和调整

任务书

某日熔化量 600t/d 浮法玻璃生产线，准备生产 4mm 浮法玻璃，合格板宽度为 3.3m，使用 5 对拉边机。为了生产出高质量的 4mm 玻璃，需要制定适宜的温度制度。请根据企业生产实际确定适当的温度制度。

任务分组

表 1-1-1　学生任务分配表

班级		组号		日期	
组长		指导教师			

续表

<table>
<tr><td>班级</td><td></td><td>组号</td><td></td><td>日期</td><td></td></tr>
<tr><td>组员</td><td colspan="5">
<table>
<tr><td>姓名</td><td>学号</td><td>姓名</td><td>学号</td></tr>
<tr><td></td><td></td><td></td><td></td></tr>
<tr><td></td><td></td><td></td><td></td></tr>
<tr><td></td><td></td><td></td><td></td></tr>
<tr><td></td><td></td><td></td><td></td></tr>
<tr><td></td><td></td><td></td><td></td></tr>
<tr><td></td><td></td><td></td><td></td></tr>
</table>
</td></tr>
<tr><td>任务分工</td><td colspan="5"></td></tr>
</table>

获取信息

引导问题 1：目前浮法玻璃成形一般采用什么样的温度制度？为什么？

温度制度是指沿锡槽长度方向的温度分布，用温度曲线表示。温度曲线是一条由几个温度测定值连成的折线。锡槽中温度的测量一般使用热电偶或红外测温元件。

温度制度与生产的玻璃厚度相适应。实际生产中，同样厚度玻璃的生产采用不同的生产工艺方法，其温度制度也不尽相同。现以薄玻璃为例说明玻璃成形的温度制度，

拉薄采用的温度制度有两种，即徐冷拉薄法温度制度和低温拉薄法（重新加热法）温度制度。

徐冷拉薄法纵向温度曲线平缓地下降，如图 1-1-1 所示。这种方法的特点是：为了使纵向拉引力均匀地传递到抛光区，并减轻拉边机和其他器件对玻璃抛光区的影响，在抛光区后设立了徐冷区，温度由抛光区末段 1000℃降至 850℃以下。这时黏度已经很高，由于表面张力的作用而产生的横向增厚力明显下降。在受拉力后，玻璃带容易伸展变薄。拉薄主要在此区进行，因此，称为主要拉薄区。在主要拉薄区设置拉边机，利用拉边机的节流作用，阻止拉力向抛光区传递。由于避免了热冲击，玻璃温度比较均匀，拉薄过程对表面质量没有明显的影响。我国浮法生产均采用徐冷拉薄温度制度。

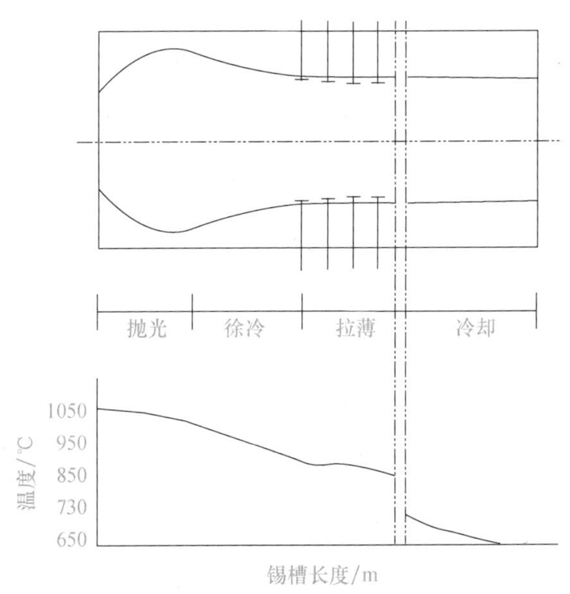

图 1-1-1　徐冷拉薄法温度曲线

温度制度是根据所生产的玻璃成分、厚度及拉引速度确定的，即使同样厚度玻璃的生产采用不同的生产工艺方法，其温度制度也不尽相同。引导学生不能死读书、读死书，做事情不能像《刻舟求剑》寓言故事中的主人公那样，不懂变通，思想僵化，应与时俱进，求实创新。

引导问题 2：浮法玻璃成形中有哪些关键温度控制点？关键控制点温度如何确定？

表 1-1-2　关键控制点温度标准和控制范围

关键控制点	标准	控制范围	说明
流道温度			
出口温度			
槽底钢板温度			
钢罩内温度			

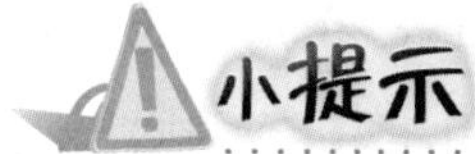

1. 摊平抛光区温度

从摊平抛光的角度看，进锡槽的玻璃液温度越高越好，但考虑到成形的实际情况，摊平区温度以 1050℃左右为宜。从玻璃液在锡液上的表面张力与重力的关系看，在温度高于 1050℃时表面张力小于重力，玻璃液充分摊平抛光；在温度低于 1050℃时表面张力大于重力，玻璃液开始收缩。摊平抛光区温度由流道温度决定，因此，生产上应严格控制流道温度。

2. 出口温度

锡槽出口温度一般都控制在（600±5）℃，温度过高则容易引起沿口擦伤、沾锡等，并给过渡辊台及退火窑增加负担。特别是过渡辊台，如果玻璃板温度过高，会引起辊子、辊子轴承等的膨胀，容易引起机械事故；温度过低则容易引起断板（特别是板上有疙瘩时）。

3. 钢罩内温度

锡槽电加热引出线与钢罩顶之间的密封用的是硅橡胶垫片，它的使用温度在 300℃。所以，一般钢罩内温度控制在 240℃以内，可通过调整保护气体在高、中、低区的气量来调节温度。

4. 槽底钢板温度

为保证锡液不对底砖固定螺栓根部产生腐蚀，必须保证此部位的锡以固态存在，所以，一般槽底钢板温度控制在 120℃以下，可通过调节各区的冷却风量进行控制。

5. 首、末对拉边机处的温度

温度曲线关键控制点对玻璃的厚度、板宽、厚薄差及板面质量起着决定性的作用。引入俗语“打蛇打七寸，做事抓重点”，在学习或者工作中，不能眉毛胡子（非主要矛盾）一把抓，只有找到一件事情的“七寸”（主要矛盾），才能高效率地解决问题。

引导问题3：流道温度过高或过低有何危害？应如何控制？

小提示

流道温度一般控制在1060~1100℃。流道温度若过高，玻璃液黏度低，容易摊开，但会对成形区温度有影响，造成成形区温度过高，拉边机机头的作用力很难传递到玻璃带中部，造成边部薄中间厚；流道温度若过低，则影响摊平抛光效果，影响玻璃带的光学性能和平整度。

引导问题4：锡槽出口温度过高或过低有何危害？应如何控制？

引导问题5：锡槽是浮法玻璃生产三大热工设备之一。平时做密封、更换水包调节温度是比较辛苦的工作。你认为你能接受这种工作环境吗？做好浮法玻璃成形工作需要具备哪些基本素质？

工作实施

阅读任务书，搜集企业温度制度相关资料，并填写记录表1-1-3。

表1-1-3　成形关键参数记录表

企业（生产玻璃厚度/mm）	温度制度选择	流道温度/℃	出口温度/℃	槽底钢板温度/℃	钢罩内温度/℃	使用拉边机对数/对
A企业（______mm）						
B企业（______mm）						
C企业（______mm）						

引导问题6：企业生产案例分析

某浮法玻璃生产线玻璃板下表面突然出现下开口气泡，气泡直径约为1cm，纵向气泡间距5.39m，气泡位置在距南侧锡槽槽壁2.13m处，已经持续3h。请结合槽底温度是否发生变化进行分析，找到原因并给出预防措施。

评价反馈

表 1-1-4　评价表

<table>
<tr><th rowspan="2">序号</th><th rowspan="2">评价项目</th><th rowspan="2">评分标准</th><th rowspan="2">分值</th><th colspan="3">评价</th><th rowspan="2">综合得分</th></tr>
<tr><th>自评</th><th>互评</th><th>师评</th></tr>
<tr><td>1</td><td>黏度、表面张力认知</td><td>理解黏度、表面张力的概念，掌握黏度、表面张力在玻璃成形中的应用</td><td>15</td><td></td><td></td><td></td><td></td></tr>
<tr><td>2</td><td>温度制度分类</td><td>能说出浮法玻璃成形温度制度的种类和优缺点</td><td>15</td><td></td><td></td><td></td><td></td></tr>
<tr><td>3</td><td>温度制度控制</td><td>掌握温度制度控制的关键点及控制范围</td><td>20</td><td></td><td></td><td></td><td></td></tr>
<tr><td rowspan="3">4</td><td rowspan="3">课程思政</td><td>与时俱进、求实创新的精神</td><td>10</td><td></td><td></td><td></td><td></td></tr>
<tr><td>灵活运用知识的能力</td><td>20</td><td></td><td></td><td></td><td></td></tr>
<tr><td>会抓重点</td><td>20</td><td></td><td></td><td></td><td></td></tr>
<tr><td colspan="3">合计</td><td>100</td><td></td><td></td><td></td><td></td></tr>
</table>

拓展学习

1-1-1　PPT-浮法玻璃成形温度制度

1-1-2　微课-浮法玻璃成形温度制度

1-1-3　微课-玻璃的黏度

1-1-4　PPT-玻璃的黏度

1-1-5　微课-玻璃的表面张力

1-1-6　PPT-玻璃的热学性质、析晶、润湿

1-1-7　拓展练习题

1-1-8　拓展练习题答案

1-1-9　Word-思政素材

扫码学习

学习任务 1-2 浮法玻璃成形压力控制

任务描述

锡槽是浮法玻璃成形的热工设备。锡液在高温下极易氧化，造成各种锡缺陷，降低产品产量和质量，因此锡槽必须通入保护气体隔绝空气，也就需要锡槽必须保持一定的压力，防止空气进入。如何控制锡槽压力，压力大小对浮法玻璃成形有何影响，是此任务的主要内容。

学习目标

素质目标	知识目标	技能目标
1. 培养学生弘扬正能量，抵御不良风气侵染的能力； 2. 增强安全意识	1. 掌握熔窑和退火窑压力对成形的影响； 2. 掌握锡槽内压力控制范围； 3. 掌握锡槽对保护气体的要求	1. 能够处理前后工段压力变化对锡槽压力的影响； 2. 能结合生产实际情况调整锡槽内的压力； 3. 能够正确调节保护气体的用量和比例

任务书

A 线是熔化量为 600t/d 的浮法玻璃生产线，最近发现玻璃板锡缺陷较多，渗锡严重，经分析是槽压问题，目前槽压为 15Pa，偏低。需要适当提高槽压，才能保证玻璃生产正常进行和生产高质量的玻璃产品。那么如何提高槽压、稳定槽压呢？

任务分组

表 1-2-1　学生任务分配表

<table>
<tr><td>班级</td><td></td><td>组号</td><td></td><td>日期</td><td></td></tr>
<tr><td>组长</td><td></td><td>指导教师</td><td colspan="3"></td></tr>
<tr><td rowspan="7">组员</td><td>姓名</td><td>学号</td><td>姓名</td><td colspan="2">学号</td></tr>
<tr><td></td><td></td><td></td><td colspan="2"></td></tr>
<tr><td></td><td></td><td></td><td colspan="2"></td></tr>
<tr><td></td><td></td><td></td><td colspan="2"></td></tr>
<tr><td></td><td></td><td></td><td colspan="2"></td></tr>
<tr><td></td><td></td><td></td><td colspan="2"></td></tr>
<tr><td></td><td></td><td></td><td colspan="2"></td></tr>
<tr><td>任务分工</td><td colspan="5"></td></tr>
</table>

获取信息

引导问题 1：到底什么原因导致槽压偏低呢？需要认真调查掌握第一手资料。

表 1-2-2　调查问题情况汇总表

调查人		调查时间	
锡槽部位	**压力值/Pa**	**密封情况**	**其他情况**
锡槽进口端			
锡槽本体			
锡槽出口端			
保护气体			

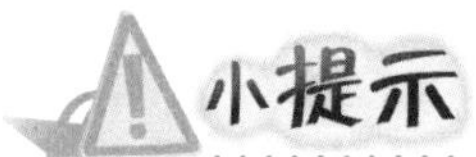

锡槽内的压力制度比玻璃熔窑要严格得多，因为锡槽内压力过高，保护气体散失就多，增加了保护气体的耗量，就会破坏保护气体的生产平衡，给生产带来不利影响，同时也会增加电耗。若锡槽处于负压状态，就会吸入外界空气，使锡槽内氧气含量超过允许值（$5cm^3/m^3$），就会有锡的氧化物产生，这样一则增加锡耗，增加玻璃成本；二则严重污染玻璃，产生各种由锡氧化物造成的缺陷，如沾锡、雾点、钢化虹彩等。一般从减小槽内温度波动、减小保护气体量波动和做好锡槽周边密封等几方面来控制槽内压力，锡槽内应该控制到不低于 30Pa 的微正压。

低温区锡液面处的压力应为微正压，通过通入保护气体，控制适当的微正压，防止有害气体侵入，防止锡液氧化，提高玻璃质量。引导学生自我加压，自立自强，弘扬正能量，防止恶习染身，提高自身免疫力，成就幸福人生。

一、影响锡槽压力制度的因素

1. 锡槽的温度制度。锡槽对保护气体而言属高温容器，因此保护气体在锡槽中对温度非常敏感，温度波动对压力制度有明显的影响。

2. 保护气体量。锡槽空间应充满保护气体，若保护气体量不足，必然导致锡槽处于负压状态。保护气体量与其本身的压力成正比，压力降低，同样会导致保护气体的量不足，锡槽就会处在负压状态。

3. 锡槽的密封情况。直接影响压力制度，密封得好，保护气体的泄漏量就少，压力稳定。

二、提高锡槽压力的措施

1. 保持保护气体的量足够且要保持稳定。锡槽要保持压力，必须有充足的保护气体。

2. 加强锡槽密封。开源还要节流，保护气体再多，锡槽密封不严，气体也会泄漏。

3. 保持锡槽温度制度的稳定。温度和压力是正相关的关系，温度升高，压力增大。

引导问题2：案例中的问题是槽压偏低，必须提高槽压。你该如何提高锡槽压力呢？

引导问题3：维持槽压靠保护气体，那么锡槽用什么做保护气体？对保护气体有何要求呢？

小提示

为防止锡液氧化，锡槽内通入氮气和氢气作为保护气体，且纯度（体积分数）要求在5×10^{-6}以下，氮气占95%左右，氢气占5%左右，氢气含量绝对不能超过13%，否则容易引起爆炸。保持锡槽微正压状态才能使生产正常进行。

氢气是易燃易爆气体，锡槽内保护气体中氢气含量超过13%容易引起爆炸。生产中必须严格按照要求操作。引导学生遵章守纪，心存敬畏，增强安全意识。

引导问题4：锡槽进口端和出口端结构对玻璃成形有什么影响？

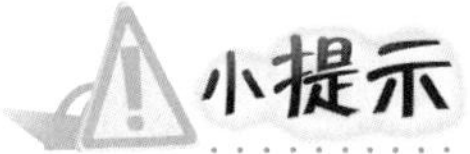

浮法玻璃成形是在锡槽内完成的，但玻璃板质量与熔窑和退火窑关系密切。

熔窑冷却部压力过大会使熔窑废气通过流道进入锡槽，熔窑烟气成分复杂，会造成锡槽内的硫污染和氧污染，因此，熔窑冷却部压力要控制适当，避免对锡槽的影响。

锡槽的出口端即过渡辊台结构对锡槽影响也很大，为了提高玻璃表面质量，在过渡辊台通入 SO_2，如果过渡辊台密封不良，SO_2 会进入锡槽造成硫污染，形成大量的光畸变点等缺陷，故此锡槽进口端（图 1-2-1）和出口端（图 1-2-2）结构对成形作业影响非常大，必须做到密封良好。

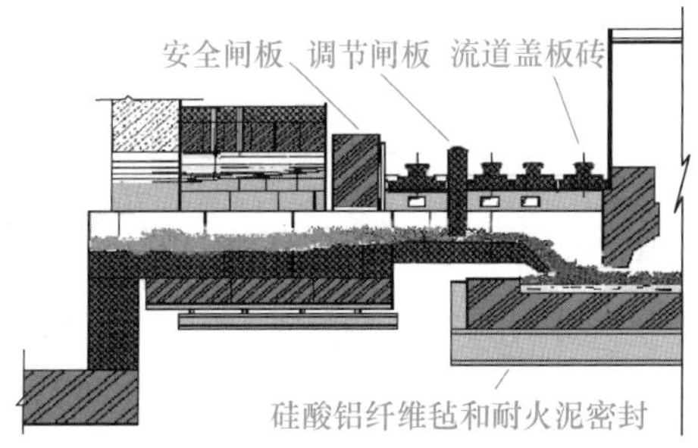

图 1-2-1　锡槽进口端结构

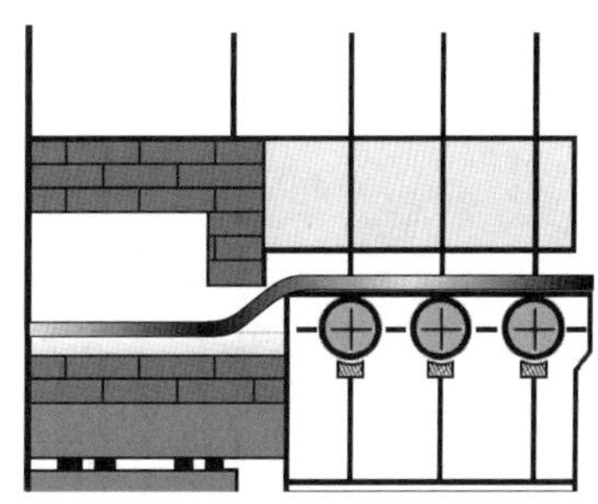

图 1-2-2　锡槽出口端结构

引导问题 5：要维持槽压，锡槽密封是关键，那么锡槽密封主要是指哪些部位呢？请多方面查阅搜集资料。

引导问题 6：锡槽压力如果是零压或是负压，有何后果？锡槽压力是越大越好吗？结合上述分析寻找任务书中案例问题的解决办法。

引导问题7：浮法玻璃成形是连续的生产形式，正常生产采用倒班作业，尤其是夜班更要认真。你如何克服夜班犯困的问题保证生产的正常进行？

____

____

工作实施

根据自己所学知识和现场调查的材料，绘制槽压低的因果分析图。

知识拓展

因果分析图又称特性要因图、石川图或鱼骨图，它是日本东京大学教授石川馨提出的一种简单而有效的因果关系分析方法。它通过带箭头的线，将质量问题与原因之间的关系表示出来，是分析影响产品质量（结果）的诸因素（原因）之间关系的一种工具。特性要因是什么？在质量管理学中我们称它为系统要素，包括：人、机、料、法、测、环六个要素。也就是图1-2-3中的“大原因”。更小的原因是末端因素，就是不能再分而是可直接采取措施的原因。采用如图1-2-3所示的方法，逐层深入排查可能原因，然后确定其中最主要原因，进行有的放矢的处置和管理。因果分析图还特讲究，那就是要寻找关键的少数原因，坚持“二八原则”。你也一定要知道什么是“二八原则”！

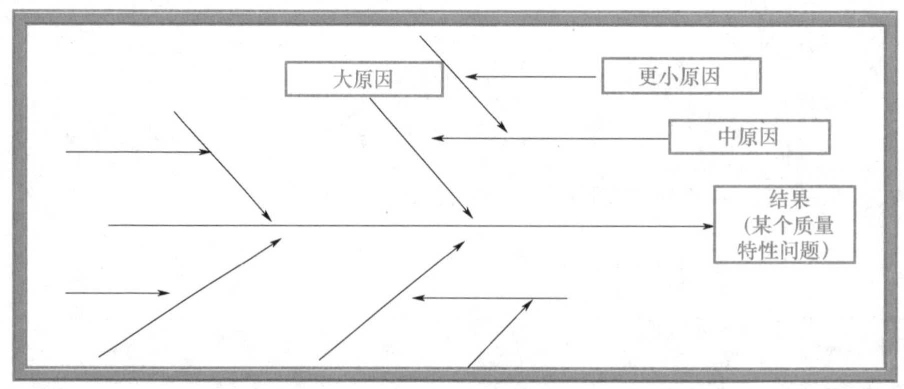

图1-2-3　因果分析图

评价反馈

表 1-2-3　评价表

序号	评价项目	评分标准	分值	评价			综合得分
				自评	互评	师评	
1	前后工段压力变化对成形的影响	能够处理前后工段压力变化对锡槽压力的影响	15				
2	槽压控制范围	能说明锡槽内压力控制范围以及调节方法	15				
3	保护气体的作用和要求	能够正确调节保护气体的用量和比例	20				
4	课程思政	抵御外界不良风气侵染的能力	25				
		安全意识	25				
合计			100				

拓展学习

1-2-1　PPT-浮法玻璃成形压力制度

1-2-2　微课-浮法玻璃成形压力制度

1-2-3　短视频-保护气体

1-2-4　短视频-锡槽进口端简介

1-2-5　短视频-锡槽进口端结构

1-2-6　短视频-锡槽出口端简介

1-2-7　短视频-锡槽出口端

1-2-8　拓展练习题

1-2-9　拓展练习题答案

1-2-10　Word-思政素材

扫码学习

学习任务 1-3　浮法玻璃成形气氛控制

任务描述

浮法玻璃成形是在锡槽内完成的。浮法玻璃成形选择锡做浮托介质，锡的最大缺点是高温下极易氧化，因此，锡槽内必须保持还原性气氛才能防止各种锡缺陷的产生，提高产品产量和质量。关键任务就是控制好锡槽内的气氛。

学习目标

素质目标	知识目标	技能目标
1. 培养学生积极向善，为建设社会主义和谐社会做贡献； 2. 培养学生分析问题和解决问题的能力	1. 掌握锡槽内保持还原性气氛的目的和意义； 2. 掌握玻璃的多种缺陷与锡槽气氛的相关性； 3. 掌握锡槽内保持还原性气氛的措施	1. 日常生产中能够根据成形工艺要求在锡槽内控制稳定的还原性气氛； 2. 对生产中出现的雾点、光畸变点、沾锡等缺陷能够从气氛的角度进行分析和处理； 3. 能够调节锡槽内的气氛

任务书

A 线生产浮法玻璃，工段长发现最近玻璃板出现的雾点、光畸变点、沾锡等缺陷增多，产品质量严重下降，产量降低，出售给深加工企业的玻璃反馈钢化彩虹严重。因此召开质量分析会议，经查，槽压在 30Pa 左右，并不算低。那么到底是什么原因造成产品质量下降呢？请根据 A 线产品质量下降的原因进行调查分析，找到原因并进行调节改进，改善产品质量。

任务分组

表 1-3-1　学生任务分配表

<table>
<tr><td>班级</td><td></td><td>组号</td><td></td><td>日期</td><td></td></tr>
<tr><td>组长</td><td></td><td>指导教师</td><td colspan="3"></td></tr>
<tr><td>组员</td><td colspan="5">
<table>
<tr><td>姓名</td><td>学号</td><td>姓名</td><td>学号</td></tr>
<tr><td></td><td></td><td></td><td></td></tr>
<tr><td></td><td></td><td></td><td></td></tr>
<tr><td></td><td></td><td></td><td></td></tr>
<tr><td></td><td></td><td></td><td></td></tr>
<tr><td></td><td></td><td></td><td></td></tr>
<tr><td></td><td></td><td></td><td></td></tr>
<tr><td></td><td></td><td></td><td></td></tr>
</table>
</td></tr>
<tr><td>任务分工</td><td colspan="5"></td></tr>
</table>

获取信息

引导问题 1：到底什么原因导致成形缺陷增多呢？需要认真调查掌握第一手资料。

表 1-3-2　调查问题情况汇总表

调查人		调查时间	
熔窑冷却部压力			
锡槽进口端压力			
出口端压力			
保护气体用量和纯度			
锡槽密封情况			
其他问题			

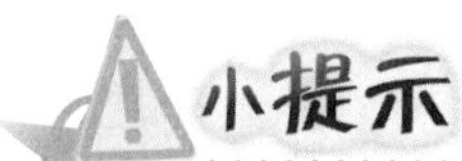

锡污染每时每刻都在进行，只是有时污染程度轻一些，速度慢一些，而随着时间的推移，累积污染就会造成缺陷的产生。锡槽中绝大多数的缺陷是锡污染引起的缺陷。锡的污染主要是指氧污染和硫污染，上述污染会产生光畸变点、锡滴、沾锡、钢化彩虹、污染物气泡等一系列锡缺陷。

产生锡缺陷的主要原因：

1. 锡槽密封不良；
2. 保护气体不纯或量不足；
3. 锡槽进口端和出口端压力太小；
4. 熔窑冷却部压力过大。

引导问题 2：锡槽正常生产应该维持什么样的气氛？为什么？

小提示

要想生产性能优良的浮法玻璃，除玻璃液本身熔化良好外，锡液面的光亮洁净也是必要条件。锡液在 1000℃左右与玻璃液的润湿角为 175°，基本上不润湿。但锡在高温下极易被氧化，锡的氧化物（SnO_2、SnO）严重污染玻璃，使玻璃出现雾点、光畸变点、沾锡等缺陷。严重时玻璃甚至不透明，热处理（如钢化）呈现虹彩，因此，浮法玻璃生产要求锡槽内必须保持稳定的还原性气氛，以防止锡液氧化，保证锡液面的光亮洁净。

通过锡槽内要保持稳定的还原性气氛，引申出社会上需要正能量的和谐氛围。古人云“勿以恶小而为之，勿以善小而不为”，引导学生积极向善，为建设社会主义和谐社会做出自己的贡献。

引导问题3：为了防止锡液氧化，锡槽内必须通入保护气体，保护气体的组成是什么？各起什么作用？对保护气体的纯度有何要求？比例如何分配？

____

____

____

____

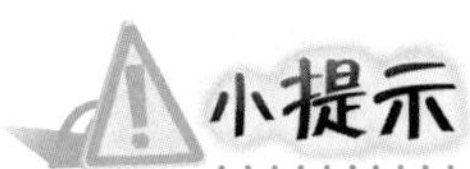

锡的化合物对玻璃成形产生不利的影响，它可能使玻璃形成雾点、沾锡、擦伤、彩虹和小波纹等缺陷。锡的化合物是在锡液受到污染和氧化的过程中产生的。所以，要想制得优质玻璃，必须有效地防止锡的氧化。为防止锡液氧化，锡槽内通入氮气和氢气作为保护气体，且纯度（体积分数）要求在5×10^{-6}以下，氮气占95%左右，氢气占5%左右。正是因为氢气的存在，使锡槽内的气氛为还原性，氢气的作用是将已经氧化的锡还原为单质锡，降低锡耗，减少锡污染。

锡槽除要得到足够的保护气体供给外，还要确保气体的纯度。保护气体纯度不单是气体制作过程的问题，如果在生产中对锡槽维护不当，也会降低保护气体的纯度。为了提高槽内高温区的气体纯度，在锡槽热端安装排气装置。

1. 氧的分压对保护气体纯度的影响

虽然锡槽内保护气体压强大于锡槽外的大气压强，但是，根据理论计算，锡槽外氧的分压远远大于锡槽内氧的分压。如果锡槽密封不好，稍有渗漏就会有大量的氧进入锡槽，使保护气体的纯度大幅度下降，从而影响玻璃的质量。

2. 锡液对保护气体纯度的要求

根据理论计算，锡槽中氧的平衡分压是非常低的。保护气体的纯度越高就越有利于锡液的保护。

$$SnO+H_2 = Sn+H_2O \tag{1-3-1}$$

为了寻求保护气体对锡液的最佳保护效果，在锡槽工艺设计或生产实践中，人们总是控制保护气体在锡槽内的合理流向，使锡槽内的各种反应有利于玻璃质量的提高。

（1）横向流动。保护气体在锡槽内的横向流动取决于锡槽的罩顶结构设计，在生产中是无法改变方向的。目前，企业采用的都是保护气体从罩顶砖的间隙均匀流入槽内，流向从中间压向两侧。这样罩顶气流大，凝聚物少，边部有害气体很难流向中间，在保护气体逸出时，可增加对有害物质的带出量。其缺点是，如果罩顶结构不合理或安装质量有问题，容易造成气体分布不均匀。

（2）纵向流动。将前区保护气体分配量加大，加强流槽（即调节闸板以后）的密封，而且用纯氮气隔离，使锡槽内保护气体向末端流动，这样槽内压力提高，可使大量有害物质从末端带出。这种方式的缺点是，如果前区锡槽密封不好，保护气体纯度不够，或纯氮气用量太大，会因氧化亚锡过量，在低温下还原出来的锡在玻璃上表面形成锡点。

（3）流槽纯氮气箱的用法。在流槽（唇砖上部）的纯氮气箱通入一定数量的纯氮气，其作用为隔离槽内气体进入流槽污染玻璃液，但用法不当反而会影响玻璃质量。纯氮气用量过大会因气流的冲击，造成流槽盖板砖上的凝聚物脱落而污染玻璃。

流槽封闭得越好，纯氮气用量应越少，在用气量的控制上宜少不宜多。

保质保量和平衡地供给氮、氢保护气体，是浮法玻璃厂稳定锡槽工况的重要保证，是提高玻璃质量的重要因素。加强企业管理，提高技术操作水平，稳定供气压力，乃是保证锡槽稳定生产的关键。从长远发展看，实现氮、氢比例的自动调节，则是浮法玻璃企业的发展方向。

引导问题 4：为了保证锡槽内压力，除了足够的保护气体量，还需要加强锡槽密封。如何做好锡槽密封呢？哪些部位需要加强密封？

引导问题 5：良好的工作环境和快乐的工作氛围有助于提高工作效率，有助于激发创新能力。怎样才能培养这种能力？

工作实施

引导问题 6：根据上面的学习，你知道产生大量锡缺陷的主要原因了吗？那么任务书中的案例问题如何解决呢？

结合案例问题，学会综合分析问题的方法，采用排除法、类比法、对比法等方法分析问题，用辩证思维解决问题，才能快速有效地解决棘手问题。随着处理问题的方法越来越多，对相关问题及解决方法加以归纳总结，防止类似问题再次发生，才是真正解决了问题。

评价反馈

表 1-3-3　评价表

序号	评价项目	评分标准	分值	评价			综合得分
				自评	互评	师评	
1	锡槽内保持还原性气氛的意义	能明确锡槽内保持还原性气氛的目的和意义	15				
2	成形缺陷产生的原因	能够结合锡槽气氛分析雾点、光畸变点、沾锡等缺陷产生的原因	20				
3	保持还原性气氛的措施	能根据生产实际保持锡槽的还原性气氛	15				
4	课程思政	积极向善，多做贡献	25				
		分析问题、解决问题的能力	25				
合计			100				

拓展学习

1-3-1　微课-光畸变点

1-3-2　微课-锡的污染来源

1-3-3　PPT-浮法玻璃成形气氛制度

1-3-4　微课-浮法玻璃成形气氛制度

1-3-5　PPT-氮气的制备

1-3-6　PPT-氢气的制备

1-3-7　短视频-保护气体

1-3-8　短视频-锡槽密封操作

1-3-9　拓展练习题

1-3-10　拓展练习题答案

1-3-11　Word-思政素材

扫码学习

学习任务 1-4　浮法玻璃成形锡液对流控制

任务描述

由于锡槽内横向、纵向都有温差且在玻璃液的带动下，锡液不断流动，给浮法玻璃成形带来负面影响。因此，要控制锡液有害对流，增强有益对流，才能生产出高质量的浮法玻璃。

学习目标

素质目标	知识目标	技能目标
1. 通过脱贫攻坚激发学生的爱党热情； 2. 培养学生系统思维和整体思维能力	1. 掌握锡液对流的原因； 2. 掌握锡液对流的影响因素	1. 在生产中发现板摆等现象会分析原因、解决问题； 2. 在日常生产中能够正确使用直线电机、挡畦等附属设备控制锡液对流

任务书

在浮法玻璃成形过程中，锡液的激烈对流对浮法玻璃成形有很大的影响，通过学习分析锡液对流（图 1-4-1）的原因，找到控制锡液对流的措施。

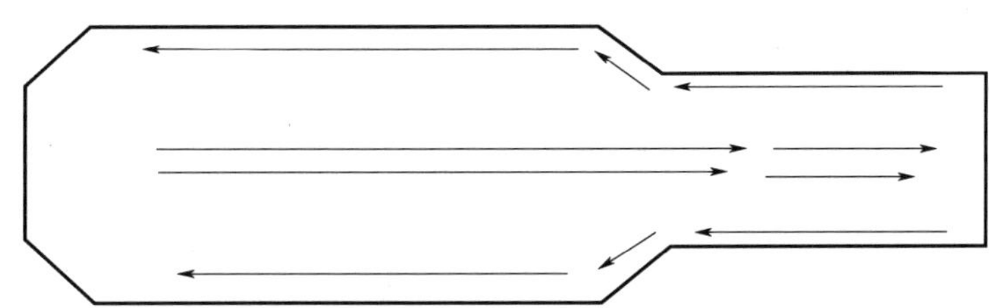

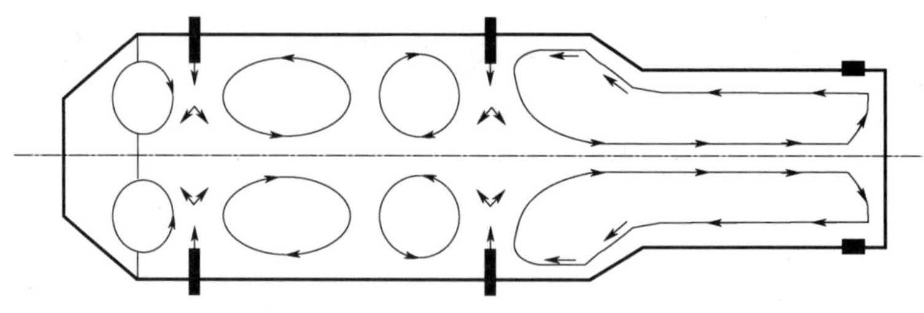

图 1-4-1　锡液对流

任务分组

表 1-4-1　学生任务分配表

<table>
<tr><td>班级</td><td></td><td>组号</td><td></td><td>日期</td><td></td></tr>
<tr><td>组长</td><td></td><td>指导教师</td><td colspan="3"></td></tr>
<tr><td>组员</td><td colspan="5"><table>
<tr><td>姓名</td><td>学号</td><td>姓名</td><td>学号</td></tr>
<tr><td></td><td></td><td></td><td></td></tr>
<tr><td></td><td></td><td></td><td></td></tr>
<tr><td></td><td></td><td></td><td></td></tr>
<tr><td></td><td></td><td></td><td></td></tr>
<tr><td></td><td></td><td></td><td></td></tr>
<tr><td></td><td></td><td></td><td></td></tr>
</table></td></tr>
<tr><td>任务分工</td><td colspan="5"></td></tr>
</table>

获取信息

引导问题 1：锡槽是浮法玻璃成形热工设备，锡作为浮托介质盛装在锡槽内，在生产中锡液进行着激烈的对流，请分析锡液对流的原因。

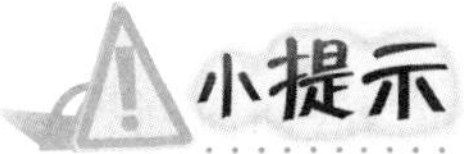

浮法玻璃是在锡液面上成形的，要求锡液不仅能够保持相对静止的镜面，而且能够维持相对均匀的温度场。锡液流动既可使锡槽中锡液温度均匀，也能使锡液温度出现波动，增加能耗甚至影响产品质量。研究锡液流动的目的在于增强锡液的有益流动，减少有害流动。

锡槽的工作温度在1100~600℃范围内，锡液处于流动状态。造成锡液流动的原因有两个因素：一是锡液的温度差造成自然流动。由于锡槽进口端与出口端存在着明显的温度差（约500℃），锡液就必然存在密度差，因而锡液将会产生自然流动，其流动形态与窑池内玻璃液的流动形态相近。二是玻璃带的带动造成强制流动。玻璃带在锡槽中的移动速度每小时至少数十米，甚至会达到数百米，这种高速移动必然给锡液流动带来强烈的影响，因此，玻璃带的带动作用是锡液流动的主导因素。

锡槽内存在巨大温差造成锡液流动，给生产带来不利影响，引申到贫富差距过大会造成社会的不稳定，而中国共产党在人类历史上首次完成了脱贫攻坚任务，中国的繁荣稳定将促进经济快速发展。这是给建党100周年最好的礼物，激发学生的爱党热情。

引导问题2：锡液对流是不可避免的，那么锡液对流有哪几种形式？

小提示

在锡槽中由于温度差、玻璃带牵引及锡槽周边的影响，锡液液流主要表现为三种形式：一是当玻璃带受牵引辊拉力作用向前移动时，就会产生与玻璃带前进方向相同的前进流；二是玻璃带下方锡液深层与锡液前进流反向的深层回流。玻璃带下表面的锡液随玻璃带运动到锡槽出口后，受到锡槽出口的阻挡，沿着锡槽的槽底回流到热端；三是玻璃带两侧锡液裸露部分与玻璃带前进方向相反的回流。在锡液面的平面上，玻璃带边部的锡液随玻璃带运动到锡槽出口后，受到锡槽出口的阻挡，沿着锡槽的边部回流到热端。其中以深层回流对玻璃成形质量影响最大，因为这一回流在正在成形的玻璃带下表面产生蠕动，由于锡液深度小于 100mm，冷热锡液难免相互混掺，造成玻璃带由于温度不同而产生黏度不均。在锡液上移动的玻璃带在黏度不均的情况下，受到退火窑辊子拉力作用时，就会在玻璃带下表面产生波纹。这种波纹主要在 970~880℃的温度范围内产生，并且很难在后续成形过程中去除，而保留在固化的玻璃板上。

引导问题 3：由于有玻璃带的带动，锡槽内横向、纵向均存在温差，锡液对流是不可避免的，锡液对流对浮法玻璃成形有不利影响，那么应该如何控制锡液对流呢？

____

____

____

____

____

小提示

浮法玻璃的成形是在锡液面上漂浮的过程中完成的，玻璃液进入锡槽的温度在 1100℃左右，而离开锡槽时的温度为 600℃左右，锡液因受玻璃带热传导的影响和因玻璃成形的需要，其温度也从进口约 1100℃降低到出口约 600℃左右，如此大的温度差必然会造成锡液沿锡槽纵向的热对流，由于锡液深度的有限性和锡液流动轨迹的多变性以及因玻璃带形状的变化等多种因素的影响，必然会造成冷锡液回流的不均匀，从而会影响整个锡液纵向温度制度，并会造成锡液横向温度的不均匀性，甚至还可能会造成锡液深度上的温度不均匀现象。这种结果会反过来影响玻璃的摊平抛光并会带动玻璃带跑偏，影响玻璃的成形质量和生产的稳定。有很多生产事故就是因锡液对流而产生的。由于锡液面是玻璃带的直接承载表面，不可能使用机械办法进行隔断，因此对锡液的流动和温度的控制就变得十分困难。

通过调节锡液横向及纵向的流动，产生有利于玻璃生产的流动。当今先进锡槽在设计时就考虑了充分利用有益的自然液流，同时广泛采用液流强制调控装置来灵活地控制锡液流动。

1. 阶梯式槽底

随着锡液深度减浅，锡液流动加剧，深度方向的前进流与回流就会相互干扰，冷、热锡液的混掺在970~880℃范围内会造成难以去除的玻璃带下表面波纹。增加锡液深度，有利于合理组织对流。然而随着锡液加深，导致锡槽荷重增加，锡耗也随之增大，这将提高投资费用和玻璃成本。实践表明，锡槽中锡液的最佳深度为50~100mm。

为了有效控制锡液的纵向对流，把锡槽槽底设计成不同深度的结构可以有效减弱锡液的纵向对流，有效地减轻锡液冷反流现象。

控制锡液对流必须全面考虑，采用多种措施，控制横向纵向的锡液流动，培养学生系统思维和整体思维能力。

2. 挡坎设置

挡坎能合理地组织和控制对流，控制槽内热交换过程，提高玻璃质量。

挡坎也用来控制热锡液和冷锡液的混合，挡坎阻止了热锡液流向锡槽出口端，在挡坎处被引导到锡槽两侧，使其与从出口端朝进口端回流的冷锡液汇合。热锡流和冷锡流相互混合，使整个锡流的温度均匀。由于锡液的混合是在玻璃带两侧进行的，这就避免了玻璃带因锡液温度不均造成的缺陷。

3. 在锡槽内安装挡畦

在槽内温度900~700℃区间对称地插入石墨挡条，石墨挡条的尺寸一般为700mm×200mm×500mm。石墨挡条不仅阻挡而且改变锡液的对流方向，控制了纵向对流，而且也稳定了锡液液面，获得了一个较为稳定、均匀的温度场。

4. 直线电机（锡液对流控制器、直线马达）

直线电机是锡槽内控制锡液流动的最佳设备。根据工艺要求放置在锡槽中带动锡液，使成形产生一均匀的温度场或清理干净锡液表面杂物。

引导问题4：直线电机可以有效控制锡液对流，那么直线电机是如何控制锡液对流的呢？

小提示

直线电机是一种将电能直接转换成直线运动机械能的电力装量。直线电机的原理类似三相异步电动机，它利用电机旋转磁场（定子）和锡液（转子）的相互作用使得锡液按一定的规律运动，用于清灰和控制锡液流动，作用力的大小通过调整电流实现。

引导问题5：挡畦也是控制锡液对流的有效设备，你知道挡畦是如何工作的吗？

工作实施

引导问题6：生产实际案例分析

某400吨浮法玻璃生产线投产初期，生产薄玻璃时发生严重的板摆现象。以生产4mm厚合格板宽3.0m玻璃为例，观察到拉边机牙印很散，实测板宽3370mm，内牙距3150mm，厚度每个点都会变化。厚薄差变化波动在0.03~0.09mm，过渡辊台板摆50mm，生产一直不稳定。

板摆是浮法玻璃生产不稳定的表现，企业称为“耍龙”。这种现象引起冷端切裁的困难，降低切裁率，而且使玻璃的厚薄差增大，影响玻璃的退火质量。板摆还会造成拉边机辊头脱边和玻璃带碰擦锡槽壁，一旦玻璃带行进受阻，将造成“满槽”恶性事故。

请你根据案例描述情况分析原因并给出处理措施。

引导问题7：根据上面的学习，用思维导图的形式总结锡液对流的原因和控制措施。

评价反馈

表1-4-2　评价表

序号	评价项目	评分标准	分值	评价			综合得分
				自评	互评	师评	
1	控制锡液对流的目的	能明确控制锡液对流的目的和意义	10				
2	锡液对流形成原因	能够根据现象分析锡液对流的形成原因	20				
3	控制锡液对流的措施	能够采用多种方法控制锡液对流	20				
4	课程思政	爱党热情	25				
		系统思维、整体思维	25				
合计			100				

拓展学习

1-4-1 短视频-锡液对流简介

1-4-2 微课-锡液对流

1-4-3 短视频-锡槽内的热交换与锡液对流

1-4-4 PPT-锡液对流控制

1-4-5 微课-直线电机

1-4-6 PPT-挡畦

1-4-7 拓展练习题

1-4-8 拓展练习题答案

1-4-9 Word-思政素材

扫码学习

模块 2

锡槽烘烤作业控制

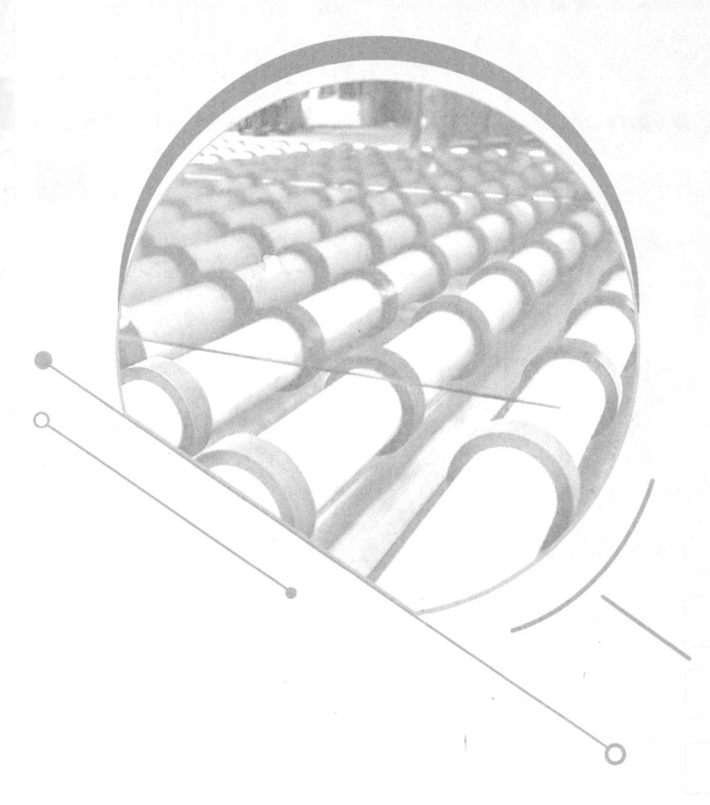

学习向导

知识导读

本模块主要学习浮法玻璃成形三大热工设备之一的锡槽结构，日常生产中能够进行加锡操作，通过与团队协作能够完成锡槽烘烤作业等一系列任务。

内容简介

序号	任务名称	学习目标			建议学时
		素质目标	知识目标	技能目标	
1	认知锡槽结构	1. 培养学生的民族自豪感和坚定的职业信念； 2. 培养学生注意细节的工匠精神； 3. 引导学生认识基础的重要性	1. 掌握锡槽进口端的结构和要求； 2. 掌握锡槽槽底结构及材质要求； 3. 掌握锡槽出口端结构及要求	1. 能够识读锡槽进口端结构图； 2. 能够绘制锡槽槽底结构图； 3. 能够识读锡槽出口端结构图	
2	锡槽烘烤作业控制	1. 培养学生严谨的工作态度和责任意识； 2. 强化专项作业的安全意识、规范意识	1. 掌握锡槽烘烤前的检查要求； 2. 掌握锡槽烘烤技术准备； 3. 掌握锡槽烘烤工器具准备	1. 能明确锡槽烘烤前的检查内容； 2. 能进行烘烤技术准备工作； 3. 能准备锡槽烘烤的工器具； 4. 能制定锡槽烘烤方案	
3	锡槽加锡操作	1. 强化专项作业的安全意识、质量意识； 2. 培养不畏艰难险阻的勇气； 3. 培养吃苦耐劳的工匠精神	1. 掌握加锡前需要的准备工作； 2. 了解人工加锡操作要领； 3. 制定加锡工作计划	1. 能列出加锡前的准备工作内容； 2. 能够进行人工加锡操作； 3. 能够制定加锡工作计划	
学习成果		LO2：绘制 600t/d（或其他吨位）浮法玻璃锡槽结构简图（三视图）			

学习成果

为了加深对浮法玻璃成形锡槽结构的认识和理解，提升锡退工的综合能力，有目标、有重点地进行学习、研究和应用实践，实现本模块的学习目标，特设计一个学习成果 LO2，请按时、高质量地完成。

一、完成学习成果 LO2 的基本要求

根据本模块所学浮法玻璃成形的热工设备锡槽的类型，以及锡槽进口端、锡槽本体、出口端结构及要求，设计一座 600t/d（或其他吨位）的锡槽结构图，用三视图的形式呈现，并做简单的设计说明。

二、学习成果评价要求

评价按照：优秀（85 分以上）；合格（70~84 分）；不合格（小于 70 分）。

评价要求	等级			
	优秀	合格	不合格	得分
锡槽结构尺寸合理（总分 30 分）	锡槽结构尺寸正确 >26	尺寸基本正确 22~26	尺寸不合理 <22	
设计说明详细（总分 30 分）	设计说明详细 >26	设计说明基本正确 22~26	没有说明或问题较多 <22	
图纸清晰（总分 20 分）	图纸整洁 >15	图纸基本清晰 13~15	图纸潦草 <13	
按时完成（总分 20 分）	按时完成 >15	延迟 2 日以内 13~15	延迟 2 日以上 <13	
总得分				

学习任务2-1　认知锡槽结构

任务描述

锡槽是浮法玻璃成形的热工设备，是浮法玻璃成形的场所。锡退工必须熟知锡槽进口端、锡槽本体、锡槽出口端的结构，并能够识读图纸。

学习目标

素质目标	知识目标	技能目标
1. 培养学生的民族自豪感和坚定的职业信念； 2. 培养学生注意细节的工匠精神； 3. 引导学生认识基础的重要性	1. 掌握锡槽进口端的结构和要求； 2. 掌握锡槽槽底结构及材质要求； 3. 掌握锡槽出口端结构及要求	1. 能够识读锡槽进口端结构图； 2. 能够绘制锡槽槽底结构图； 3. 能够识读锡槽出口端结构图

任务书

完成对PB法或洛阳浮法技术锡槽结构（图2-1-1）的认知，掌握锡槽各部分结构要求，对结构问题能进行分析和处理。

图2-1-1　锡槽模型图

任务分组

表 2-1-1　学生任务分配表

<table>
<tr><td>班级</td><td></td><td>组号</td><td></td><td>日期</td><td></td></tr>
<tr><td>组长</td><td></td><td>指导教师</td><td colspan="3"></td></tr>
<tr><td>组员</td><td colspan="5">
<table>
<tr><td>姓名</td><td>学号</td><td>姓名</td><td>学号</td></tr>
<tr><td></td><td></td><td></td><td></td></tr>
<tr><td></td><td></td><td></td><td></td></tr>
<tr><td></td><td></td><td></td><td></td></tr>
<tr><td></td><td></td><td></td><td></td></tr>
<tr><td></td><td></td><td></td><td></td></tr>
<tr><td></td><td></td><td></td><td></td></tr>
</table>
</td></tr>
<tr><td>任务分工</td><td colspan="5"></td></tr>
</table>

获取信息

引导问题 1：锡槽是浮法玻璃成形的关键设备。在锡槽中，玻璃液形成一定宽度和厚度的平整玻璃带，它必须满足安全使用和各种成形操作的要求，例如：窥视、引板、挑板、扒渣、处理沾边以及放置各种辅助设施等。锡槽的主要结构（图 2-1-2）包括哪些内容呢？

(a)

(b)

图 2-1-2　锡槽外观结构

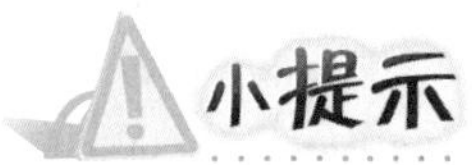

小提示

锡槽纵向上分为进口端、锡槽本体和出口端 3 个部分（图 2-1-3）。

锡槽的主要结构包括：钢结构、槽底砖、顶盖砖、胸墙、电加热元件等。整座锡槽外壳为钢结构制作，锡槽支撑钢结构采用框架式结构，槽底钢结构为纵向滚动式，槽顶用钢结构密封，为吊挂式结构。

沿锡槽纵向，温度是逐渐降低的，根据温度的不同可分为高温区、中温区和低温区。为了避免锡液的氧化，从顶部或侧壁导入还原性保护气体。锡槽顶部还设有电加热装置，以便适应在投产前的烘烤升温，临时停产时的保温和生产时的温度调节等需要。锡槽底部应该有一定的空间高度，以便于通风，并且设置风冷装置，吹风冷却槽底，使槽底钢板温度降低，从而避免锡液对钢板和固定螺栓的侵蚀，减小锡液对耐火材料的浮力和钢壳的热变形。

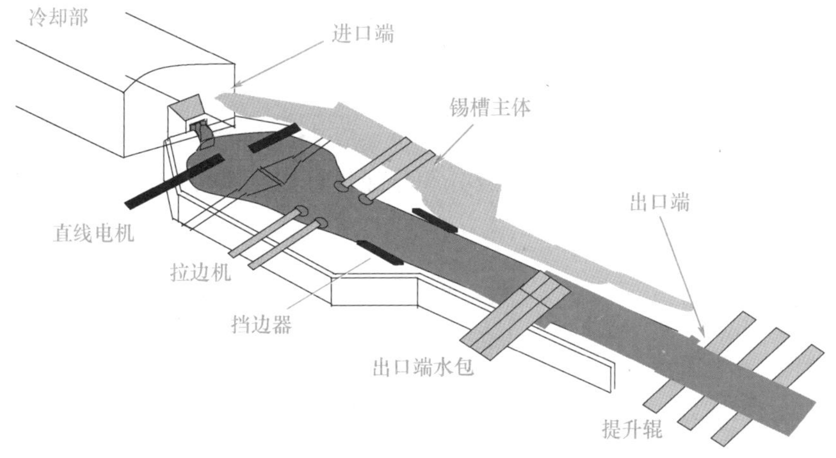

图 2-1-3　锡槽结构示意图

引导问题 2：浮法玻璃成形对锡槽有什么要求？

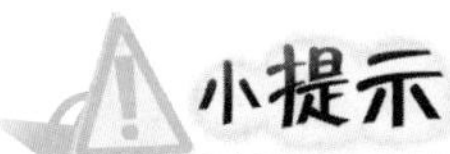

锡槽结构必须满足浮法玻璃生产工艺的要求，即锡槽应具有良好的气密性和可调性。

1. 锡槽的气密性

为了防止锡槽中锡液氧化污染玻璃，需要在锡槽中充满弱还原性的保护气体，同时要求锡槽内氧气（O_2）的体积分数小于 5×10^{-6}。锡槽的气密性与锡槽胸墙和顶盖所用的材料有关，这种材料应不具有连通型的气孔和缝隙，不让 O_2 渗入。目前采用的内衬耐火材料外包钢罩的结构有效地防止了 O_2 扩散进入锡槽的可能。

锡槽气密性取决于结构设计是否满足气密性的要求，而又便于操作和维护。在锡槽上装设微压计和气体成分分析仪，可以方便地监测和掌握锡槽气密情况及气氛纯度变化。在锡槽的进口端、出口端、拉边机、挡边轮、冷却器以及测量监控等操作孔处，一般均采用气封装置。

2. 锡槽的可调性

锡槽的可调性是指锡槽纵向和横向的温度、玻璃液流量、玻璃带在锡槽中的形状与尺寸、锡液对流、保护气体纯度、成分和分配量等的可调节与可控制。

引导问题 3：要掌握锡槽结构，首先要了解锡槽的分类。目前，国内外浮法玻璃行业使用的锡槽有哪些类型呢？

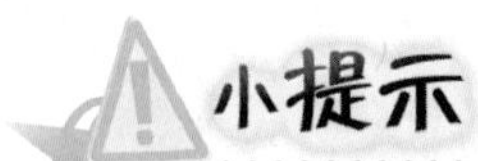

1. 按照流槽形式分：（1）宽流槽型；（2）窄流槽型。

2. 按照锡槽主体结构分：（1）直通型；（2）宽窄型。

3. 按照胸墙结构形式分：

（1）固定胸墙式；（2）活动胸墙式；（3）固定胸墙加活动边封式。

4. 按照发明厂家分：

（1）PB 法锡槽；

（2）LB 法锡槽；

（3）“洛阳浮法”锡槽。

通过学习中国玻璃工业发展史，了解到中国玻璃人在极其艰难的条件下研发成功“洛阳浮法”工艺，体现了中国人民自力更生、不怕困难的奋斗精神，培养学生民族自豪感和坚定的职业信念。

引导问题 4：锡槽进口端是浮法玻璃生产线的液流通道，前接熔窑冷却部末端，后接锡槽前端，是玻璃生产的“咽喉要道”。进口端结构由哪几部分组成？其作用是什么？

小提示

锡槽进口端由流道、流槽、斜碹、平碹、胸墙、盖板砖等部分组成，在通道上还布置了安全闸板、流量调节闸板等玻璃液流控制装置，同时在流道的胸墙上预留操作孔，通过架设喷枪或安装电加热辅助设备等措施，满足流道烘烤操作或处理事故时升温要求。

引导问题 5：锡槽进口端的设计原则是什么？设计过程应注意哪些问题？锡槽进口端各部位使用什么耐火材料？

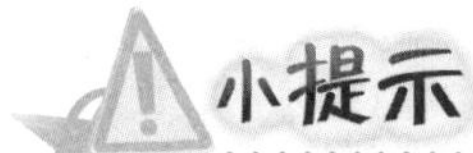

1. 锡槽进口端设计原则

（1）安全性，即钢结构、砖结构都不能出现问题。

（2）保温性，使整个玻璃液面温度均匀。

（3）利于热膨胀移动。

（4）便于流道盖板砖及锡槽入口处的密封。

（5）方便调节设备和流槽唇砖的更换、检修等。

（6）流道、流槽中心线应与熔窑、锡槽中心线相重合。

（7）与熔窑和锡槽的衔接要紧凑，不能使玻璃液外漏。

2. 锡槽进口端设计时应注意的问题

（1）熔窑气体不能进入锡槽空间。

（2）锡槽内的气体不能在节流闸板处集聚，保护气体不允许在进口溢出。否则，槽内气体中的 Na_2O 蒸气与熔融石英闸板形成 Si-Na 态玻璃，它的熔点较低，会沿闸板流下来，造成板面质量缺陷。

（3）流量调节闸板、安全闸板材质优良。一般选用熔融石英，也可选用 α-β 刚玉；安全闸板材质要求抗热冲击性能好，耐腐蚀，一般采用铬镍钢制成（Cr_2ONi_8O）。流量调节闸板动作平稳并且能够使流入锡槽中的玻璃液流股深度各处相同。

（4）特殊部位尺寸合理。流槽唇砖向锡液面悬伸长度 100～200mm，唇砖尖端距背衬砖 100mm 左右；距锡液面 50～100mm。

（5）方便生产操作。流道处的生产操作包括流道升温、引头子、更换闸板与唇砖等，其结构设计要便于工人用最短的时间完成以上操作。

3. 锡槽进口端耐火材料的选择

流道的材质要求：能耐冲刷、耐侵蚀、耐高温、耐热震等。材质：α-β 电熔刚玉。

流道的底部和侧壁设保温层，保证进入锡槽的玻璃液温度均匀。

流道的胸墙和顶盖用普通耐火砖或耐火混凝土砌块。

流槽在使用过程中，由于玻璃液的侵蚀和冲刷而产生缺陷，会使玻璃产生线道或玻筋。如果发现流槽开裂或被侵蚀严重时，需要及时更换。

通过锡槽顶盖设计、安装的注意事项，引导学生要关注细节，养成精益求精的习惯，细节决定成败。做事要具有严谨认真的态度，培养学生的工匠精神。

引导问题 6：锡槽主体结构包括哪几部分？锡槽槽底砌筑应注意哪些问题？锡槽顶盖结构如何？

____

____

____

____

槽体主要是用来盛装金属锡液的。由于锡液密度高，高温时黏度很低，渗透力很强，所以锡液从耐火材料衬里向下渗漏是不可避免的。为了防止锡液漏出，在耐火材料衬里外面设有金属外壳，加之有槽底的吹风冷却，锡液被限制在金属外壳里而不会外漏。

锡槽的主体部分即锡槽的本体结构。它包括槽底、胸墙、顶盖、钢结构、电加热、保护气体、冷却系统等部件。

引导问题 7：锡槽槽底砖如何选材？槽底在使用中容易出现哪些问题？

____

____

____

____

小提示

锡槽槽底在使用中经常出现的问题：

(1) 锡槽底砖冒泡，气泡上浮冲击未硬化的玻璃带，在玻璃下表面形成凹坑（板下开口泡）。

（2）玻璃释放的 Na_2O 渗入底砖结构中，反应生成霞石类矿物，伴随 20% 左右的体积膨胀，反应层卷曲剥落上浮。

（3）砖体水平断裂，上半块上浮，俗称“7 英寸效应”。

（4）底砖拱起。

（5）封孔料分层剥离漂起，造成玻璃下表面划伤缺陷。

（6）固定底砖的螺栓被锡液侵蚀熔断，底砖漂起。

（7）槽底漏锡。

通过锡槽底砖拱起、锡槽漏锡等事故，引导学生要打好“地基”，使学生认识到底层基础的关键作用，地基不牢，地动山摇。如果内功没有练好，即使学了些招式，也是花拳绣腿、假把式。必须扎实基本功，才能有更好的发展。

引导问题 8：锡槽顶盖结构是怎样的？顶盖结构设计有何要求？

____

____

____

____

____

引导问题 9：锡槽出口端结构包括哪几部分？出口端设计有何要求？

____

____

____

____

____

小提示

1. 锡槽出口端包括：过渡辊台、上部挡帘密封结构、下部擦锡装置和渣箱。

2. 锡槽出口端设计要求。

（1）冷空气不能进入锡槽空间。

（2）要求过渡辊台工作可靠，传动平稳，辊子上下调节灵活。

（3）密封罩内设有 4 道挡帘，可进行电动和手动调节。

（4）过渡辊台和密封罩保温性要好。

（5）过渡辊台两侧应设置碎玻璃清扫门。

工作实施

引导问题 10：企业实际案例分析

某玻璃生产企业正在生产 10mm 白玻璃，质检员发现玻璃下表面有一角钱硬币大小的圆圈，且位置固定，距北侧玻璃原边 1.2m，气泡纵向间距约 4.8m。请结合锡槽槽底结构分析气泡产生的原因，并给出预防措施。

小提示

槽底漏锡、冒泡，将对整个玻璃生产带来很大影响和隐患，最好的方法就是在建线时严把砖材质量关、砌筑质量关。生产中槽底温度控制不能高于 120℃。

____

____

____

____

____

____

评价反馈

表 2-1-2　评价表

序号	评价项目	评分标准	分值	评价			综合得分
				自评	互评	师评	
1	锡槽进口端结构	掌握结构，并能识图	15				

续表

序号	评价项目	评分标准	分值	评价			综合得分
				自评	互评	师评	
2	锡槽槽底结构	掌握结构和要求，并能绘图识图	15				
3	锡槽出口端结构	掌握结构，并能识图	20				
4	课程思政	认识打牢基础的重要性	15				
		注意细节的工匠精神	15				
		民族自豪感	10				
		坚定的职业信念	10				
合计			100				

拓展学习

2-1-1　微课-锡槽进口端

2-1-2　PPT-锡槽结构设计

2-1-3　微课-锡槽槽底

2-1-4　微课-锡槽顶盖

2-1-5　微课-锡槽出口端

2-1-6　Word-思政素材

扫码学习

学习任务2-2　锡槽烘烤作业

任务描述

锡槽是浮法玻璃成形热工设备，在投产之前必须进行烘烤，以免钢结构变形和砖材炸裂等问题影响后续生产。锡槽烘烤质量是决定后续生产能否顺利进行的关键。锡槽烘烤前应做好详细的检查，做好技术准备、工器具准备以及人员安排等工作，制定合理的锡槽烘烤方案。

学习目标

素质目标	知识目标	技能目标
1. 培养学生严谨的工作态度和责任意识； 2. 强化专项作业的安全意识、规范意识	1. 掌握锡槽烘烤前的检查要求； 2. 掌握锡槽烘烤技术准备； 3. 掌握锡槽烘烤工器具准备	1. 能明确锡槽烘烤前的检查内容； 2. 能进行烘烤技术准备工作； 3. 能准备锡槽烘烤的工器具； 4. 能制定锡槽烘烤方案

任务书

一条日拉引量600t/d的锡槽已经完成施工，准备进行锡槽的烘烤作业，按照企业新建生产线投产前的准备要求，需对600t/d浮法玻璃生产线锡槽制定烘烤作业计划及设计烘烤方案，以实现锡槽烘烤作业控制，顺利完成锡槽烘烤作业任务。请制定锡槽烘烤检查、准备、升温方案。

任务分组

表 2-2-1 学生任务分配表

<table>
<tr><td>班级</td><td></td><td>组号</td><td></td><td>日期</td><td></td></tr>
<tr><td>组长</td><td></td><td>指导教师</td><td colspan="3"></td></tr>
<tr><td>组员</td><td colspan="5"><table><tr><td>姓名</td><td>学号</td><td>姓名</td><td>学号</td></tr><tr><td></td><td></td><td></td><td></td></tr><tr><td></td><td></td><td></td><td></td></tr><tr><td></td><td></td><td></td><td></td></tr><tr><td></td><td></td><td></td><td></td></tr><tr><td></td><td></td><td></td><td></td></tr></table></td></tr>
<tr><td>任务分工</td><td colspan="5"></td></tr>
</table>

获取信息

引导问题 1：锡槽烘烤前要对锡槽进口端、本体、出口端等相关部位进行检查，检查内容是什么？为什么要检查这些部位？请收集学习信息及资源，首先列举出烘烤前进口端（图 2-2-1）要检查的内容。

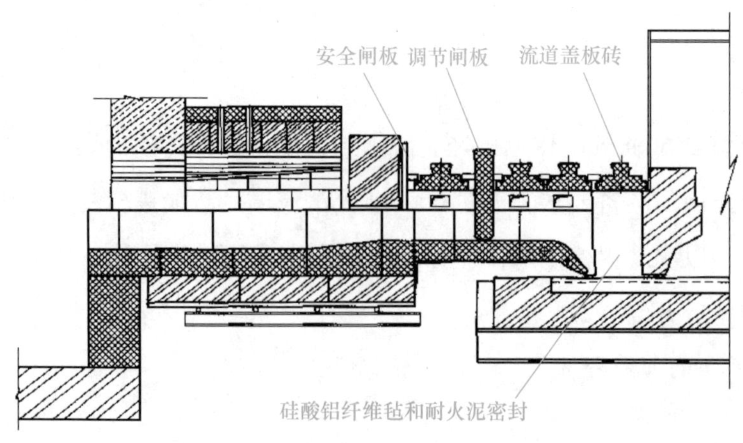

图 2-2-1 锡槽进口端

小提示

进口端、流道及闸板的检查：

（1）流道、流槽是否有杂物卡阻、冷态尺寸是否符合设计要求。

（2）砖结构砌筑质量、尺寸、底标高复查。

（3）柴油小车及油枪架准备到位。

（4）闸板支架、闸板、流槽中心线之间相对关系是否符合要求。

（5）闸板调节系统运行情况是否正常可靠，闸板能否闸严。

（6）安全闸板定位、试调整。

（7）各部位清扫和吸尘。

（8）流道唇砖冷却器通水正常。

认真详细的检查是做好后续工作的前提，这就要求学生本着负责的态度，做好充分的准备工作，列出检查项目、检查路线以及所用工具，培养学生的责任意识。

引导问题2：锡槽的烘烤涉及的环节非常多，一定要注重细节、全面检查。钢结构是锡槽的重要部分，那么锡槽烘烤前钢结构需要检查哪些内容？

小提示

槽底钢结构的检查（图 2-2-2）

（1）滚轮位置要正确，无阻卡现象，导向件及滚轮加润滑油。定位销呈自由状态。

（2）检查是否有为施工而设置的阻碍槽体自由膨胀的铁件、杂物，并做相应处理。

（3）检查固定件螺杆是否锈死。

（4）出口唇板试水试气正常、入口水包试水正常。

（5）检查锡槽槽体前后端固定螺丝的位置，用锁死方式固定槽底前端，使它们能自由向后膨胀。

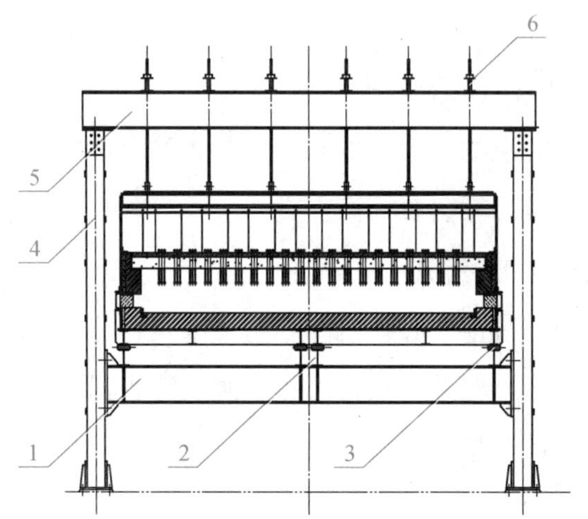

1—横梁；2—纵梁；3—滚轮；4—立柱；5—上横梁；6—上纵梁

图 2-2-2　钢结构（分离式）

引导问题 3：锡槽烘烤前槽内和罩内要检查哪些内容？（请填写于表 2-2-2 中）

表 2-2-2　锡槽烘烤前槽内和罩内检查内容

序号	槽内需检查内容	罩内需检查内容
1		
2		
3		
4		
5		
6		
7		
8		
9		

1. 槽内

（1）八字砖、背衬砖安装是否符合要求。

（2）仔细检查底砖是否有裂纹，砖缝是否有杂物。

（3）检查测锡液温度热电偶的位置是否正确，不影响生产。

（4）检查瓷管吊挂是否牢靠，电热丝间距是否过小，并做相应调整。

（5）彻底清理槽内杂物和胸墙、顶盖上可能往下掉的砖渣、耐火泥、保温棉等并吸尘。

（6）通电烤槽前，将石墨内衬安装完毕，石墨挡坎冷态试装。

（7）烤槽前，槽内正常用热电偶伸入槽内高度是否一致、调校完毕。

（8）检查操作门和门框之间是否吻合、密实，活动边封是否抽动自如。

（9）前过梁、锡槽出口挡帘放置妥当。

2. 密封罩

（1）检查罩内电热丝间距是否过小，并做相应调整。

（2）检查顶盖砖吊杆是否垂直、张紧，吊挂是否牢靠，有无松动或损坏现象。

（3）检查除人孔外所有焊缝是否漏焊，有无砂眼，各节顶罩之间缝隙均匀，无异物及其他妨碍膨胀因素。

（4）测量检查电热丝接头电阻、绝缘电阻及调功器调功区与槽内电加热区是否吻合，并通电检查。

（5）罩内砖结构砌筑质量检查。

（6）罩内彻底清扫和吸尘。

引导问题 4：锡槽烘烤前锡槽出口端和槽底冷却风系统要检查哪些内容？（请填写于表 2-2-3 中）

表 2-2-3　锡槽烘烤前出口端和槽底冷却风系统检查内容

序号	锡槽出口端	槽底冷却风系统
1		

续表

序号	锡槽出口端	槽底冷却风系统
2		
3		
4		
5		
6		
7		

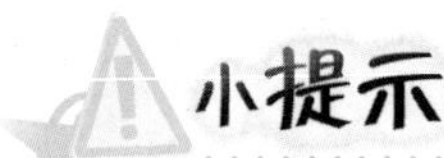

1. 出口端

（1）锡槽出口端水包和氮包已吹扫、打压、检漏合格。

（2）检查锡槽出口唇砖坡度、圆滑度、标高及钢板内捣打料填实度是否符合设计要求。

（3）检查出口端密封火管预留孔洞是否合适。

（4）检查过渡辊台辊子光滑程度及第一根辊子距出口端的距离。

（5）复核 3 根辊子爬坡标高及上下升降是否符合设计要求。

（6）检查密封罩挡帘高低是否满足工艺要求、上下调整是否灵活可靠，以及密封罩的密封情况。

（7）检查过渡辊台到退火窑首端膨胀缝的预留情况。

2. 槽底冷却风

（1）风机、主风管、支风管所有闸板应操作灵活。

（2）检查槽底风机风量、闸板开关方向，做好闸板开度标记，确保能运行使用。

（3）检查槽底风支路小风管风量、风压大小及分布冷却是否合理。

（4）检查槽底风各分支小风管管嘴距槽底间距是否符合设计要求，并且紧固可靠。

（5）检查槽底风机报警系统是否可靠。

引导问题5：锡槽烘烤前锡槽保护气系统、供电自控仪表系统、给排水系统要检查哪些内容？（请填写于表2-2-4中）

表2-2-4　锡槽烘烤前保护气体、电、水系统检查内容

序号	保护气系统	供电自控仪表系统	给排水系统
1			
2			
3			
4			
5			
6			

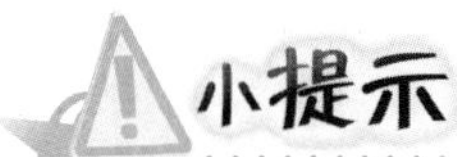

1. 保护气体系统

（1）氮气、氢气管路及阀门吹扫、打压、检漏合格。

（2）配气室各阀门、仪表、净化器开关灵活可靠无泄漏，符合设计要求。

（3）气体控制系统、报警系统符合设计要求。

2. 供电及自控仪表

（1）按一类负荷、双回路供电模式，供电已至各用电点。

（2）复核送电调功柜编号与槽内送电分区对应无误。

（3）锡槽各区电加热测试无误，并进行必要的预通电试验。

（4）锡槽各种热工检测控制仪表接点正确，各仪表安装调试无误。

（5）DCS系统基本达到使用要求。

（6）各项报警信号反应灵敏。

3. 给排水系统

（1）给排水管道吹扫、打压、检漏合格，阀门开关灵活可靠。

（2）锡槽所用水源接头布局合理，下泄水头畅通够用。

（3）所供水源水量、水压能满足使用要求。

（4）锡槽所用各种冷却水包打压合格，水包车灵活可靠。

工作计划

锡槽烘烤前除认真做好各方面检查外，还要认真做好烘烤前的工作计划，内容包括技术准备、膨胀标志设置、测温点设置、工器具准备和人员组织准备。

引导问题 6：锡槽烘烤前要做哪些技术方面的准备？

____

____

____

____

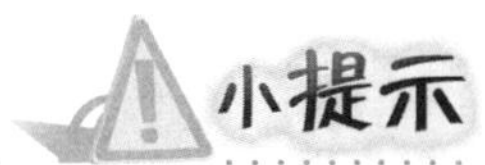

小提示

技术准备

1. 工艺技术规程、安全操作规程、岗位责任制、交接班制度等规章制度齐全。

2. 升温程序、加锡方法、温控方法等预先进行技术交底。

3. 报表、日志及其他原始记录表格准备齐全。

4. 安装好流道加热装置，安全闸板全落下，调节闸板提起 100mm。

5. 用吸尘器对锡槽的顶盖、槽底砖、流道、流槽处进行彻底清扫，特别注意顶盖、底砖接缝、热电偶孔处不得有灰尘和杂物，最终达到用手摸槽底不见灰尘。

6. 锡槽前、中、后 3 区顶罩顶部各留 1 块钢板不要焊接，等温度升至 250℃后再焊接。

7. 槽底钢壳节与节之间的顶丝必须加油，在烘烤过程中由专人负责检查、调整。

8. 用直径 0.5~1.0mm 的耐热钢丝将硅酸铝纤维毡捆成捆，将锡槽出口端密封。

9. 将渣箱的前两道挡帘提起，后两道挡帘落下。

10. 将渣箱、流槽外部用硅酸铝纤维毡密封。

11. 关闭槽底风机主管路出口阀门，各支管、分支管阀门全开。

12. 升温前一天再对锡槽各个系统进行一次全面检查，确认锡槽具备升温条件。

13. 测量并详细记录各膨胀点的冷态原始数据。

锡槽烘烤是一项复杂的系统工作，涉及水、电、气、风等环节，用到多种工具，从室温到高温，提醒学生每个环节都要将安全放在第一位，既保证人身安全也要保证设备安全，培养学生高度的安全意识。

引导问题 7：锡槽烘烤前膨胀标志及测温点如何设置？

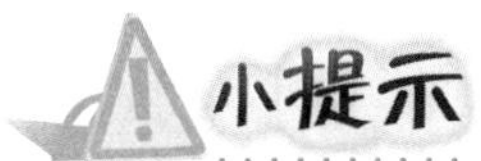

1. 膨胀标志设置

做好槽体、槽底砖、流道唇砖膨胀标志，以下膨胀标志仅供参考。

（1）槽体纵向膨胀标志设置 8 个点，即锡槽的首端、中部、尾端、流道 4 个部位两侧对称设置。

（2）槽体横向标志设置 6 个点，即锡槽的首端、中部、尾端 3 个部位两侧对称位置。

（3）槽底砖膨胀标志设置 9 个点，即锡槽前区、中区、后区每区 3 个点，两侧对称设置。

2. 测温点设置

300℃以前使用水银温度计，300℃以后使用生产用热电偶测温。

（1）锡槽每一横向电加热区设 1 个水银温度计测温点，空间测温点位置对应测温点位置的边封处。

（2）锡槽底部钢壳上按在线热电偶位置设立测温点。

（3）锡槽大罩内以在线热电偶的位置为测温点。

（4）流道中部设置 1 支温度计，高温时更换成热电偶。

（5）渣箱两侧设置 2 点，可直接插入热电偶。

引导问题8：根据计划要求，锡槽烘烤需准备哪些工器具？（请填写于表2-2-5中）

表2-2-5　锡槽烘烤工器具

序号	材料名称（如：水银温度计）	规格型号（0~360℃，1.2m长）	单位（根）	数量（35）	备注（备用6根）
1					
2					
3					
4					
5					
6					
7					
8					
9					

小提示

这里所说的工器具主要指在锡槽烘烤作业过程中使用的，如温度计、坐标纸、指针、手电、记录报单、纤维毡、密封料、铁丝、观察窗玻璃等。

引导问题9：锡槽烘烤时根据计划要求，人员组织如何安排？

小提示

根据企业实际情况进行人员组织安排，可两班倒也可三班倒，技术人员必须跟班，每班安排5人即可。但要求烘烤人员学习掌握锡槽烘烤规程、生产技术操作规程、岗位责任制及应急事故的处理方法。掌握设备、仪表、工器具的基本性能及操作方法。

进行决策

检查及准备工作完成后，各小组需根据烘烤原则及各企业烘烤技术规程，合理确定锡槽、流道及过渡辊台升温曲线。

引导问题 10：如何制定锡槽烘烤升温原则？

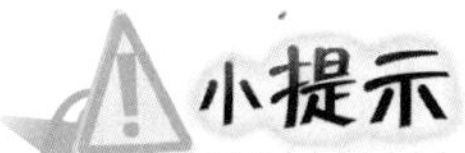

锡槽烘烤的升温原则：

（1）必须严格按升温曲线升温，不允许温度有大的波动，若局部温度点超过指标，可放慢升温速度或保温，待到规定温度时，再按曲线升温，温度只能上升不能下降。

（2）槽内各区开始按同一升温曲线达到预定标准烘烤温度区域时应保温，应升温的区域继续按升温曲线升温。

（3）在 200℃以前低温状态下，锡槽耐火材料水分排出量较大，可根据具体情况打开边封，加速排出水分，并可通过顶盖钢壳上打开的盖板区排气。

（4）当温度升至 120℃时，将锡槽前端冷却水包、流槽唇砖冷却水包、出口唇板冷却器通水。

（5）升温前，扒渣机通水，确保一直不断水。

（6）温度在 300℃前使用水银温度计，温度达 300℃后，将热电偶投入使用。

（7）根据升温的进展情况，按要求通入保护气体。

（8）槽底钢壳温度升至 120℃时，启动槽底风机，逐步开大风机出口阀门，增加风量，可考虑采用引射式天然气喷枪加热升温。并根据具体情况，对各支、分支风管阀门进行调整，确保钢板各部温度均衡。槽底钢壳的温度不能高于 120℃。

（9）烘烤初期，流道的升温靠逐步扒掉进口处的硅酸铝纤维来实现。

（10）在整个烘烤过程中，要注意各处的膨胀情况，出现问题及时处理。

(11) 在整个烘烤过程中，必须如实填写相关记录。

引导问题 11：锡槽烘烤温度制度的确定，请完成下列填空内容。

(1) 各区烘烤标准温度：

① 高温区：________℃　　低温区：________℃　　中温区：________℃

以上各标准点位置可南北对称调换。300℃以下以空间测温点对应的水银温度计为准，锡槽的横向温差要求控制在±5℃以内。

② 流道烘烤标准温度：________℃。

③ 渣箱烘烤标准温度：________℃。

(2) 锡槽烘烤升温曲线，请完成表 2-2-6。

表 2-2-6　锡槽烘烤升温曲线

序号	升温范围/℃	升温速度/℃	升温幅度/℃	所需时间/h	累计时间/h
1	15~119	2			
2	119	保温			
3	119~350	3			
4	350	保温			
5	350~450	4			
6	450	保温			
7	450~602	4			
8	602	保温			
9	602~1052	5			
10	1052	保温			
合计：462h（19 天 6 小时）					
11	加锡清锡灰等	0	0	96	558
合计：558h（23 天 6 小时）					

(3) 流道烘烤升温曲线，完成表 2-2-7。

表 2-2-7　流道烘烤升温曲线（在锡槽升温 320h 开始）

升温范围/℃	升温速度/℃	升温幅度/℃	所需时间/h	累计时间/h
30~1100	5			
1100	保温	0	24	238

(4) 过渡辊台升温：在引头子前一天靠逐步扒开锡槽出口端的方式进行升温。

工作实施

通电升温即锡槽烘烤工作开始实施。

一般接现场总负责人通知后，开始调功器打手动通电升温，整个升温过程力求各区升温均匀，升温速度符合计划要求。一旦锡槽开始升温，关键温度点的控制和操作就显得尤为重要。锡槽投产后是否出现系统的质量问题（如槽底气泡），烘烤过程如何做到安全、顺利和经济，我们就应该了解锡槽烘烤的相关注意事项。

引导问题 12：锡槽烘烤要注意哪些问题？

____

____

____

____

评价反馈

表 2-2-8　评价表

序号	评价项目	评分标准	分值	评价			综合得分
				自评	互评	师评	
1	锡槽烘烤前的检查	能够做好锡槽烘烤前的检查工作	15				
2	锡槽烘烤的技术准备	能够做好锡槽烘烤的技术准备工作	15				
3	锡槽烘烤工器具准备	能准备好锡槽烘烤所用工器具	10				
4	锡槽烘烤方案	能制定锡槽烘烤方案	10				
5	课程思政	安全意识	25				
		责任意识	25				
合计			100				

拓展学习

2-2-1　视频-锡槽的烘烤

2-2-2　PPT-锡槽的烘烤

2-2-3　Word-锡槽烘烤注意事项

2-2-4　Word-思政素材

扫码学习

学习任务2-3 锡槽加锡操作

任务描述

锡槽是浮法玻璃成形的热工设备，在投产之前必须对锡槽进行烘烤，烘烤过程中需要加锡作业，日常生产中由于锡液的氧化消耗，也需要随时加锡操作。加锡是在热态下进行的操作，整个过程中必须有高度的安全意识和质量意识，确保人身、设备、生产的安全。

学习目标

素质目标	知识目标	技能目标
1. 强化专项作业的安全意识、质量意识。 2. 不畏艰难险阻的勇气； 3. 吃苦耐劳的工匠精神	1. 掌握加锡前需要的准备工作； 2. 了解人工加锡操作要领； 3. 制定加锡工作计划	1. 能列出加锡前的准备工作内容； 2. 能够进行人工加锡操作； 3. 能够制定加锡工作计划

任务书

按照企业新建生产线投产前的准备要求，需对600t/d浮法玻璃生产线锡槽进行加锡方案设计，以实现锡槽加锡作业控制，顺利完成锡槽加锡作业任务。完成600t/d新建浮法玻璃锡槽加锡检查、准备、加锡方案的制定。

任务分组

表 2-3-1　学生任务分配表

<table>
<tr><td>班级</td><td></td><td>组号</td><td></td><td>日期</td><td></td></tr>
<tr><td>组长</td><td></td><td>指导教师</td><td colspan="3"></td></tr>
<tr><td>组员</td><td colspan="5"><table>
<tr><td>姓名</td><td>学号</td><td>姓名</td><td>学号</td></tr>
<tr><td></td><td></td><td></td><td></td></tr>
<tr><td></td><td></td><td></td><td></td></tr>
<tr><td></td><td></td><td></td><td></td></tr>
<tr><td></td><td></td><td></td><td></td></tr>
<tr><td></td><td></td><td></td><td></td></tr>
<tr><td></td><td></td><td></td><td></td></tr>
</table></td></tr>
<tr><td>任务分工</td><td colspan="5"></td></tr>
</table>

获取信息

引导问题 1：锡槽加锡在什么条件下进行？

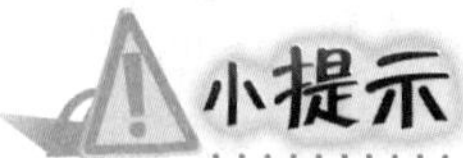

小提示

锡槽加锡条件要求

（1）锡槽烘烤达到工作温度保温 12h 后可进行加锡操作。

（2）全面检查确保锡槽本体钢结构无问题。

（3）已经确定准确引板时间。

（4）熔窑液面上升到标准要求。

（5）锡锭等材料准备到位（图2-3-1）。

图2-3-1 待加锡锭

引导问题2：锡槽加锡采用什么方式？

加锡方式

（1）人工加锡：确定加锡位置，采用人工间歇作业方式加锡。

（2）加锡炉加锡：通过设计好的加锡炉，将锡液熔化后连续加入锡槽。

引导问题3：锡槽加锡前要做哪些准备工作？（请填写于表2-3-2中）

表2-3-2 锡槽加锡准备工作内容

序号	准备工作内容
1	
2	
3	
4	
5	
6	
7	

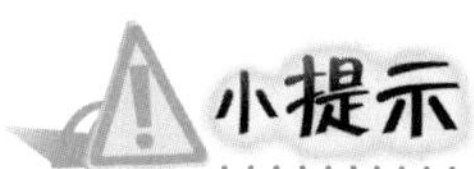

加锡前需要做的准备工作

（1）加锡时可将氢气的体积分数增至10%，引头子时再降为8%。

（2）加锡前再对锡槽进行一次全面详细的检查，确认无问题后方可加锡。

（3）加锡时槽内、罩内各区温度必须达到各自的温控点，槽底钢壳温度低于90℃。

（4）加锡前对除加锡孔外的其他部位进行仔细密封。

（5）全锡槽假设共加锡150t（含17.5t渗漏锡），计划用4d从中温区（宽段）加入。

（6）加锡前擦去锡锭灰尘，记录每垛锡锭质量。

引导问题4：锡槽采用人工加锡应如何操作？如何将锡锭送进锡槽？

采用人工直接往锡槽内加锡，具体操作如下：

（1）可在锡槽宽段前中部操作孔处设置加锡口，并提前在加锡口内槽底砖上放置一块黏土标砖，做好推锡锭的槽钢支架。

（2）将要加的锡锭放在槽钢内，用专用工具将锡锭由槽钢推入锡槽内的黏土砖上，然后立即用保温棉堵上加锡孔。

（3）每次各点只许加一块锡锭，待其完全熔化后再加入第二块，锡锭应均匀地加入。

（4）每个加锡孔在加锡初期按每小时 250kg（10 块）控制，当锡液已覆盖住槽底砖后，可按每小时加入 0. 375～0. 5t（15～20 块锡锭）控制。

工作计划

锡槽加锡要认真做好工作计划，以保证加锡工作的顺利进行，包括加锡的开始时间、加锡速度、加锡量和锡槽两侧所开的加锡工作孔数。

引导问题 5：锡槽加锡进度计划如何制定？请计算表 2-3-3 中的加锡速度。

表 2-3-3　锡槽加锡计划表

日期	时间	加锡速度/［t/（h·孔）］	加锡量/t	备注
	3：00～8：00		5	4 孔加锡
	8：00～16：00		8	4 孔加锡
	16：00～24：00		8	4 孔加锡
	0：00～8：00		8	4 孔加锡
	8：00～16：00		12	4 孔加锡
	16：00～24：00		12	4 孔加锡
	0：00～8：00		12	4 孔加锡
	8：00～16：00		16	4 孔加锡
	16：00～24：00		16	4 孔加锡
	0：00～8：00		16	4 孔加锡
	8：00～16：00		16	4 孔加锡
	16：00～24：00		16	4 孔加锡
	0：00～5：00		5	2 孔加锡
合计			150	

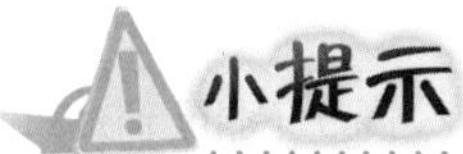

(1)加锡开始时间由生产准备总指挥确定。

(2)加锡按要求先慢后快进行操作。

(3)确定加锡孔数量及每班加锡量。

(4)计算出每班每小时每个加锡孔加锡块数，以便分配任务。

进行决策

加锡前要制定锡槽工艺制度，以满足后续引板工作的需要，这就要求确定加锡过程的调温办法，确定最终的温度目标方案。

通过学习加锡作业方案，将每个环节可能出现的安全事故进行解析说明，结合学生小组讨论，引导学生树立强烈的安全意识、养成良好的安全习惯、提高安全素养和安全文化水平。

引导问题6：锡槽加锡过程温度制度如何进行调整？(同时请填写于表2-3-4)

____

____

____

____

____

表2-3-4　锡槽各区温度

区域/区	1~16	17~24	25~29	30~31	32~38	过渡辊台
温度/℃						

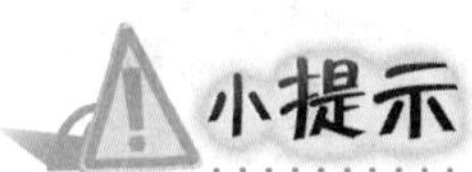

1. 要控制好加锡时锡槽的降温速度，尽量保持温度均匀，不允许超过要求数值。一般温降按2℃/h，全天不超过24℃控制。

2. 加锡后期必须严格监控锡液深度，注意锡液面与锡槽出口唇砖沿口之间的高度差。一般 1~2h 用钩子测一次锡液深度，锡液面深度达到设计要求后停止加锡。

3. 调整锡槽温度达到表 2-3-5 中范围。

表 2-3-5　某企业锡槽各区温度

区域/区	1~16	17~24	25~29	30~31	32~38	过渡辊台
温度/℃	950	850	750	700	650	550

工作实施

所有计划、决策、准备工作一旦完成，就可以组织实施加锡操作了。

引导问题 7：实施锡槽加锡任务需要注意哪些问题？

1. 严禁锡锭远投、高投，以免砸损槽底砖或溅起锡液，防止烫伤。

2. 加锡时要穿戴好劳保用品，戴好防护眼镜。严禁锡锭带水进入锡槽和用带水物件操作。

3. 加锡时要防止损坏石墨挡条和槽底砖。

4. 各班应如实、准确记录加锡量。

5. 锡液面刚填平槽底砖缝时，对锡槽槽体、唇砖、钢结构进行认真检查，确认无问题后方可继续加锡。

6. 加完锡后，用木条从前到后把锡液面上的杂物赶到扒渣孔扒出（同时将放入的黏土砖捞出），将锡槽各处用保温棉和耐火泥密封好。

7. 增强安全意识，保证自身和设备安全。

加锡工作是在热态下完成的，工作现场设备多、人多、工具多，需要格外小心，更需要不怕苦、不怕累、不怕热的勇气，培养学生不畏艰难险阻和吃苦耐劳的精神。

评价反馈

表 2-3-6　评价表

序号	评价项目	评分标准	分值	评价			综合得分
				自评	互评	师评	
1	资源素材搜集	能够对学习内容所需资料通过不同渠道进行搜集和整理	10				
2	加锡前的准备	能够列出加锡前的准备工作内容	10				
3	人工加锡	能够进行人工加锡操作	10				
4	制定加锡工作计划	能够制定合理的加锡工作计划	20				
5	课程思政	安全意识	20				
		质量意识	10				
		不畏艰难险阻、吃苦耐劳精神	20				
合计			100				

拓展学习

2-3-1　Word-加锡操作规程

2-3-2　Word-思政素材

扫码学习

模块 3

浮法玻璃成形作业控制

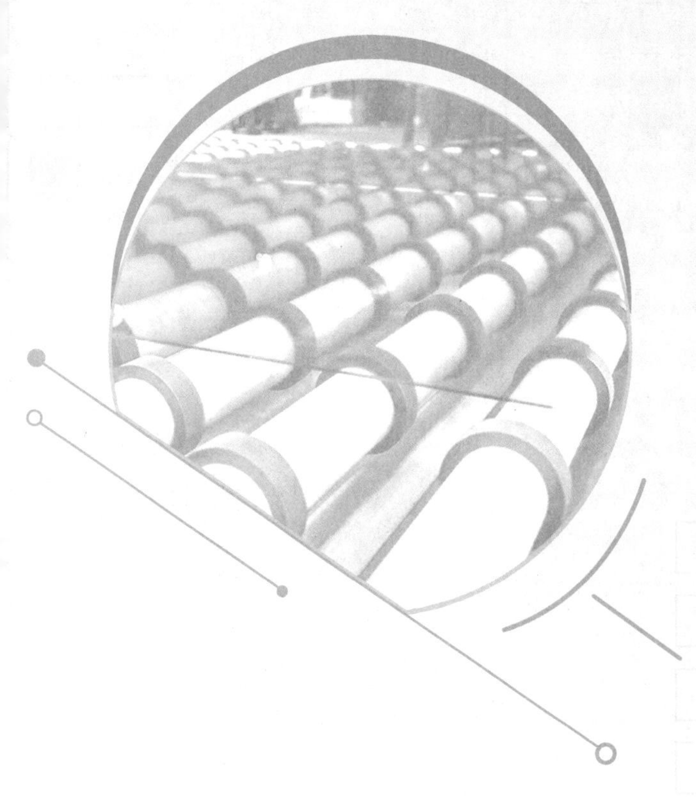

学习向导

知识导读

本模块主要学习浮法玻璃成形过程控制及操作，要求会引板、会改板、会缩放板，能进行拉边机参数设置及工艺参数计算，会操作拉边机、水包等成形设备，会生产各种厚度的浮法玻璃。

内容简介

序号	任务名称	学习目标			建议学时
		素质目标	知识目标	技能目标	
1	浮法玻璃成形引板操作	1. 培养沟通能力和团队合作意识； 2. 坚持理论与实践相结合的观念	1. 了解引板作业的人员组织方案； 2. 熟悉浮法玻璃成形引板前的准备； 3. 熟悉引板操作规程	1. 能合理组织引板人员； 2. 能做好引板前的准备工作； 3. 能完成引板操作	2
2	摊平抛光质量控制	1. 培养创新能力和创新思维； 2. 含锡的青铜器彰显中国文化一脉相承，培养学生文化自信	1. 熟悉锡槽的4个工艺分区； 2. 掌握摊平抛光的必要条件； 3. 了解拉边机基本参数	1. 日常生产中能够精准控制各工艺分区的温度； 2. 能对不同工艺区玻璃液的黏度和表面张力进行合理控制； 3. 能处理拉边机参数不当对摊平抛光质量的影响问题	2

续表

序号	任务名称	学习目标			建议学时
		素质目标	知识目标	技能目标	
3	成形工艺参数设置及计算	1. 培养学生善于配合、团结协作能力； 2. 培养学生的节能环保意识； 3. 培养学生实事求是、精益求精的工匠精神	1. 掌握影响玻璃厚度的拉边机参数； 2. 掌握“内牙距”的概念； 3. 理解“负公差”的意义； 4. 理解改板相关计算公式的含义	1. 能够根据玻璃厚度确定恰当的拉边机参数； 2. 会改板和缩放板，生产中能够控制合理的内牙距； 3. 能按照国家标准要求控制负公差； 4. 会进行改板的相关计算	4
4	浮法玻璃成形作业控制	1. 创新是企业的生命，培养学生持之以恒，历久弥坚的求实创新精神； 2. 通过介绍不同厚度玻璃之美培养学生的审美能力； 3. 培养学生善于积累，厚积薄发、砥砺前行的精神，使他们做出更大贡献	1. 掌握平衡厚度形成的原理； 2. 掌握薄玻璃的成形方法； 3. 掌握厚玻璃的成形方法	1. 能根据平衡厚度划分薄玻璃和厚玻璃； 2. 能够根据企业实际选择恰当的薄玻璃成形方法； 3. 能够根据企业实际选择恰当的厚玻璃成形方法	4
5	浮法玻璃成形设备操作	1. 树立成本意识、节能意识； 2. 培养系统思维能力； 3. 能够根据实际分析问题解决问题	1. 掌握拉边机的类型与结构； 2. 掌握冷却水包的结构和对冷却水水质的要求； 3. 熟悉锡槽所用电加热元件	1. 能进行拉边机的进出操作； 2. 会进行冷却水包的进出操作； 3. 能根据成形需要调节电加热系统； 4. 能处理常见的拉边机故障问题； 5. 能处理冷却设施漏水问题	2
学习成果		L03：制定一套某一厚度浮法玻璃改板工艺方案			

学习成果

为了加深对浮法玻璃成形工艺制度的认识和理解，有效提升操作和控制能力，有目标、有重点地进行学习、研究和应用实践，实现本模块的学习目标，特设计一个学习成果 LO3，请按时、高质量地完成。

一、完成学习成果 LO3 的基本要求

根据本模块所学知识和技能设计一套完整的某一厚度浮法玻璃改板方案，要求有改板前的准备、改板工作流程图、改板操作步骤、相应的拉边机参数以及改板注意事项等，最后从思政、知识、技能 3 方面进行总结。成果形式可以是小论文或其他新颖的形式，能够反映学习效果即可。

二、学习成果评价要求

评价按照：优秀（85 分以上）；合格（70~84 分）；不合格（小于 70 分）。

评价要求	等级			
	优秀	合格	不合格	得分
内容完整性 （总分 30 分）	完整齐全正确 >26	基本齐全 22~26	问题明显 <22	
条理性 （总分 30 分）	条理性强 >26	条理性较强 22~26	问题较多 <22	
书写 （总分 20 分）	工整整洁 >15	基本工整 13~15	潦草 <13	
按时完成 （总分 20 分）	按时完成 >15	延迟 2 日以内 13~15	延迟 2 日以上 <13	
总得分				

学习任务3-1　浮法玻璃成形引板操作

任务描述

浮法玻璃投产的首要任务是引板，引板前要做好充分的准备，制定一套完整的引板作业实施方案，有条不紊地按照引板方案进行引板操作。

学习目标

素质目标	知识目标	技能目标
1. 培养沟通能力和团队合作意识； 2. 坚持理论与实践相结合的观念	1. 了解引板作业的人员组织方案； 2. 熟悉浮法玻璃成形引板前的准备； 3. 熟悉引板操作规程	1. 能合理组织引板人员； 2. 能做好引板前的准备工作； 3. 能完成引板操作

任务书

一条600t/d新建浮法玻璃生产线已经完成建设施工，熔窑、锡槽、退火窑的烘烤工作也已经结束，进入投产阶段，投产前最重要的工作是引板，请为这条生产线制定引板方案。

任务分组

表3-1-1　学生任务分配表

班级		组号		日期	
组长		指导教师			

续表

<table>
<tr><td>班级</td><td></td><td>组号</td><td></td><td>日期</td><td></td></tr>
<tr><td>组员</td><td colspan="5">
<table>
<tr><td>姓名</td><td>学号</td><td>姓名</td><td>学号</td></tr>
<tr><td></td><td></td><td></td><td></td></tr>
<tr><td></td><td></td><td></td><td></td></tr>
<tr><td></td><td></td><td></td><td></td></tr>
<tr><td></td><td></td><td></td><td></td></tr>
<tr><td></td><td></td><td></td><td></td></tr>
</table>
</td></tr>
<tr><td>任务分工</td><td colspan="5"></td></tr>
</table>

工作计划

引导问题1：引板作业是多部门、多岗位系统配合才能完成的重要工作任务，请结合企业生产实际组织安排引板人员（图3-1-2），请确定各环节所需人员数量。图3-1-1所示为锡槽外观结构。

(a)

(b)

图3-1-1　锡槽外观结构

表3-1-2　引板人员安排

序号	岗位	需要人数	序号	部位	需要人数
1	现场总指挥		10	现场配合人员	
2	现场总调度		11	挑头子人员	
3	原料总负责		12	退火跟板及调整人员	

续表

序号	岗位	需要人数	序号	部位	需要人数
4	熔化工艺调整与操作		13	横切总负责	
5	成形工艺调整与操作		14	采装总负责（兼管落板仓及碎玻璃运输）	
6	流道温度控制与检查		15	现场安全及后勤负责人	
7	引板主操作人员		16	质检负责人	
8	引板副操作人员		17	机电、维修总负责人	
9	看量人员				

把事情一次性做好是对企业的最大节约，是团队精诚团结、密切配合的结果，其中任何一个环节出问题都会导致引板的失败。浮法玻璃引板必须团队密切沟通，团结协作，安排科学合理，组织得当，才能取得成功。

引导问题 2：引板作业前需要做哪些准备工作？

引板前的准备

1. 通知有关部门并调整相关工艺指标，准备引板（确定准确的引板的时间）。

（1）熔窑液面到位，距池壁上沿 50mm。

（2）流道温度：1150℃，引板前派专人现场用钩子确认，并检查闸板有无异样。

（3）锡槽：高温区 870~850℃，中温区 800~750℃，低温区 650℃。

（4）保护气体量：≥2400m^3/h。

（5）退火窑 A 区：530℃，B 区：450℃，C 区：310℃，RET1 区：140℃，RET2 区：110℃（板中温度）。

2. 全面检查各种生产工器具准备是否齐全；操作口确认；电器仪表、自控系统及机械设备是否可以使用，并对主传动进行试车检查。

3. 对流道、流槽、闸板、锡槽等部位进行检查。

（1）流道内的玻璃液温度是否达到引板的要求。

（2）锡液面是否达到生产要求。

（3）锡槽内是否有障碍物、有无凉玻璃、浮渣、砖块等，若有要将锡槽内清理干净。

4. 引板前 4h，若流道温度低于 1150℃，则提前用柴油枪进行加热，加热到可以轻松提起安全闸板，玻璃液能顺利通过为准。

（1）符合调节闸板零位，将调节闸板逐渐落到预定开度值 40~50mm。

（2）水冷却器逐个试压完毕，胶管到位，拉边机室温试车 8h 以上无故障。

（3）主传动调整至生产 150m/h 的速度，过渡辊台温度符合生产要求。

（4）退火窑已调至生产 4.8 mm 玻璃的退火制度、退火窑所有操作工具均排放到位。

（5）1 号、2 号、3 号、4 号拉边机准备好待用。

（6）安装流道热电偶到位，插入玻璃液深度为 50mm。

（7）用木板条检查石墨挡坎高度，以避免影响引板作业。

（8）锡灰杂物清理完毕。

进行决策

确定准确的引板操作时间，确定各项操作的时间节点，明确各项操作的具体要求。

引导问题 3：引板的操作要点有哪些？

1. 什么情况下可开始引板？

____

____

2. 引板时闸板应如何操作？

____

____

3. 如何拨头子？

____

____

____

4. 如何挑头子？

5. 挑板成功后如何操作？

工作实施

引导问题4：浮法玻璃投产引板一般在白天进行，引板过程中需要注意哪些事项？

小提示

浮法玻璃引板注意事项

1. 划玻璃速度缓慢而稳定，以保持宽度1~1.5m为原则，划太快、玻璃太窄带不动前面持续增加的玻璃量，且过窄易断，太慢则玻璃太宽可能黏到边墙。

2. 保持在玻璃的下游划动玻璃，上游前端拉窄，上游可增加划玻璃位置，协助将上游宽（热）玻璃往下游推，因为下游区温度低可成形，易带动玻璃前行。

3. 不可把玻璃推挤而黏到锡槽底砖。

4. 工具常更换，不可过热而黏住玻璃。

5. 只在主操作面划玻璃，在宽段区上、中、下游均须有操作手在主操作面控制玻璃不使玻璃流到对面，故须不断协助控制且划动玻璃。

6. 尽量不开边封，利用玻璃监视孔和边封操作孔划玻璃，使用过边封操作孔必须马上密封。

7. 出口位置扶持玻璃上过渡辊时，避免工具碰触到过渡辊。

引导问题5：企业生产实际案例分析

某公司引板成功后，早班2点多，10×（3300~3660）mm扩板后玻璃板有轻微摆动。4点后板摆加大，影响切裁，将玻璃板宽由3940mm扩宽到4000mm。5点后玻璃板摆进一步加大，只能切3300mm净板，于是进部分翘边的拉边机车位，提高8号、10号拉边机速度，加大8号、10号拉边机角度，试图减小板摆。5：45发生断板。调整拉边机时发现玻璃板明显变宽，再看过渡辊处已见不到玻璃，确定为断板。断板后南北两侧人员到出口挑板失败，玻璃板太凉，一挑即碎，于是开始按断板满槽事故处理：降闸板，开电加热，退水包和拉边机，同时通知相关人员回公司处理事故。7点多将玻璃送入退火窑，10：30开始分选合格品，14：30开始分选一等品。

结合案例分析断板可能的原因，并给出处理措施。

____

____

____

____

坚持实践第一的观点，不断推进实践基础上的理论创新，是我们制定科学合理方案的理论基础，实践出真知，理论必须和实践相统一。同学们要广泛调查研究，才能制定科学合理的方案。

评价反馈

表3-1-3 评价表

序号	评价项目	评分标准	分值	评价			综合得分
				自评	互评	师评	
1	资源素材搜集学习	针对引导问题独立搜集相关资料	10				
2	引板作业的人员组织	能做出引板作业的人员组织方案	10				
3	引板作业准备	能够做好引板前的准备工作	20				

续表

序号	评价项目	评分标准	分值	评价			综合得分
				自评	互评	师评	
4	引板操作	能熟练进行引板操作	10				
5	课程思政	沟通能力和团结协作能力	25				
		理论与实践相结合的观念	25				
合计			100				

拓展学习

3-1-1 Word-引头子人员组织方案实例

3-1-2 Word-引头子前的准备

3-1-3 Word-引头子操作要点

3-1-4 Word-思政素材

扫码学习

学习任务3-2 摊平抛光质量控制

任务描述

浮法玻璃摊平抛光质量直接决定玻璃板质量。影响摊平抛光质量的因素很多，每一个因素都需要严格控制，才能生产出高质量的浮法玻璃。

学习目标

素质目标	知识目标	技能目标
1. 培养创新能力和创新思维； 2. 含锡的青铜器彰显中国文化一脉相承，培养学生文化自信	1. 熟悉锡槽的4个工艺分区； 2. 掌握摊平抛光的必要条件； 3. 了解拉边机基本参数	1. 日常生产中能够精准控制各工艺分区的温度； 2. 能对不同工艺区玻璃液的黏度和表面张力进行合理控制； 3. 能处理拉边机参数不当对摊平抛光质量的影响问题

任务书

根据浮法玻璃在锡槽中成形的工艺要求，将锡槽分成抛光区、徐冷区、成形区（拉薄或积厚）及冷却区。摊平抛光质量决定玻璃板的质量，但玻璃板的质量绝不仅仅受摊平抛光区的影响，其影响因素很多，因此需要找到影响摊平抛光质量的所有相关因素，并严格加以控制，才能生产出高质量的浮法玻璃。

任务分组

表 3-2-1　学生任务分配表

<table>
<tr><td>班级</td><td></td><td>组号</td><td></td><td>日期</td><td></td></tr>
<tr><td>组长</td><td></td><td>指导教师</td><td colspan="3"></td></tr>
<tr><td>组员</td><td colspan="5"><table>
<tr><td>姓名</td><td>学号</td><td>姓名</td><td>学号</td></tr>
<tr><td></td><td></td><td></td><td></td></tr>
<tr><td></td><td></td><td></td><td></td></tr>
<tr><td></td><td></td><td></td><td></td></tr>
<tr><td></td><td></td><td></td><td></td></tr>
<tr><td></td><td></td><td></td><td></td></tr>
<tr><td></td><td></td><td></td><td></td></tr>
</table></td></tr>
<tr><td>任务分工</td><td colspan="5"></td></tr>
</table>

获取信息

引导问题 1：根据浮法玻璃在锡槽中成形工艺要求，将锡槽分成哪几个工艺区？

____

____

____

____

小提示

锡槽抛光区的功能是使从流槽流入锡槽的玻璃液在这里摊平抛光。抛光就是玻璃液在其重力和表面张力的作用下达到平衡，使玻璃表面光滑平整。此区必须要有足够高的温度，而且横向温度必须均匀，使玻璃的黏度小而均匀，才能使玻璃得以充分摊平。

该区温度为1000～1065℃，相应的黏度范围为$10^{2.7}$～$10^{3.2}$Pa·s。图3-2-1所示为锡槽工艺分区。

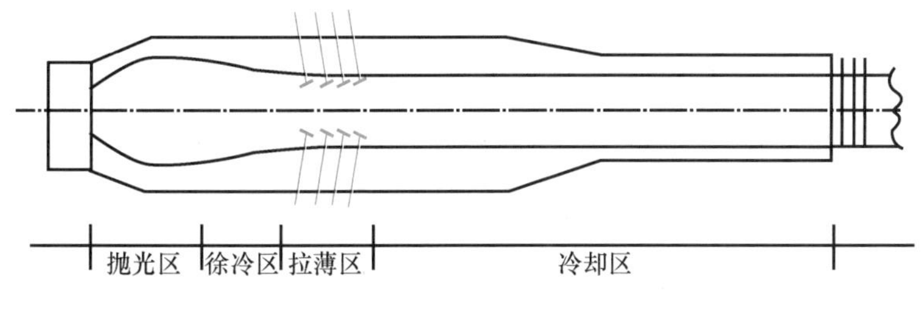

图3-2-1　锡槽工艺分区

引导问题2：浮法玻璃是如何进行摊平抛光的？摊平抛光需要具备哪些条件？

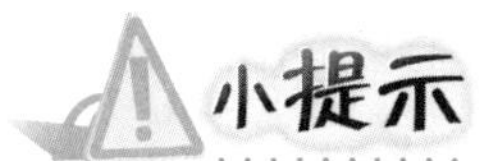

浮法玻璃摊平抛光条件

（1）具有高温和均匀的温度场

玻璃液在锡液面上摊平必须在高温下进行，且温度场均匀。只有这样，表面张力才能充分发挥作用，使玻璃液摊得厚度均匀，表面光洁平整。

保持较高的玻璃液温度除了是抛光的需要，也是为了使玻璃液能顺利地完成侧向流动。温度太低或温度不均匀，玻璃液不易展薄，甚至边部形成波筋。

（2）玻璃液与锡液互不润湿，不起化学反应

如果玻璃液与锡液互相润湿，又起化学反应，将会导致二者黏结到一起，污染玻璃。

润湿与不润湿决定于固体和液体之间的内聚力和附着力，当内聚力大于附着力时，则为不润湿；当内聚力小于附着力时，则为润湿。玻璃和锡液各自的内聚力大于附着力，因而为不润湿。锡液的密度比玻璃的密度大得多，加上锡和玻璃各自的分子结构特性不同，决定着二者不起化学反应。

当玻璃液的表面张力与界面张力之和小于锡液的表面张力时，玻璃液将展成薄膜。当玻璃液的表面张力与界面张力之和大于锡液的表面张力时，则玻璃液的展薄是有限度的。

（3）有足够的摊平抛光时间

在摊平抛光时间不足的情况下，玻璃带厚度将达不到所要求的均匀度，所以必须有足够的摊平抛光时间，才能保证表面张力充分发挥作用。因此，摊平抛光时间是一个很重要的工艺参数。它不仅对说明浮抛工艺过程具有意义，并且还是设计锡槽（主要是抛光区长度）的依据。玻璃液的摊平抛光时间与玻璃液的表面张力、重力和黏度有关。

据资料所述，玻璃液离开流槽自由悬空落到锡液面上，横向展开并随拉引向前漂浮，由于流入时速度不均，窑末端冷却部气氛不稳以及流道温度升落等原因引起冲击作用，使玻璃液表面出现波纹。在摊平时间不足的情况下，玻璃带的不平整情况从其断面观察，近似一条正弦曲线。为了克服玻璃带的这种缺陷，必须增加摊平时间。

通过讨论摊平抛光，引申到人类的发展离不开创新，做任何事情都要开动脑筋，并且要多留心、多联想、多思考，就有可能有新发现新突破。古今中外，历史上很多发明创造都是无意中的收获，比如浮法玻璃的发明就是皮尔金顿兄弟早餐喝汤时发现汤面漂动的油花，联想到是否有一种东西能把玻璃液浮起来，最终找到了锡做浮托介质，随之浮法玻璃工艺诞生。

引导问题 3：锡槽是浮法玻璃成形热工设备，为什么选择锡作浮托介质？

____

____

____

____

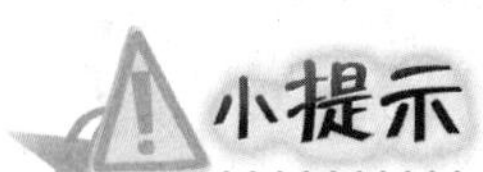

浮法，就是熔融玻璃靠浮力，漂浮在一定温度的液体表面，成形为所需平板玻璃制品的工艺过程。根据浮托工艺特点，作为良好的浮托介质，必须满足 5 个条件。

（1）作为浮法工艺所采用的浮托介质其密度必须大于玻璃的密度。

（2）浮托介质的熔点，应低于600℃。

（3）浮托介质的饱和蒸汽压要低，沸点要高，且不易挥发。

（4）浮托介质与玻璃液应互不润湿，不与玻璃黏着，不与玻璃成分起显著的化学反应，不容易被还原等。

（5）所选用的浮托介质来源要容易，价格要便宜，且在高温下无挥发性毒气。

浮法玻璃成形最终选择锡作为浮托介质，但锡在高温下极易氧化是它最大的缺点，锡液氧化造成锡耗增加，另外会产生大量的锡缺陷，影响玻璃质量。因此，在锡槽内必须通入保护气体来防止锡液氧化。

通过学习锡作为浮法玻璃的浮托介质，了解更多金属锡的特征和应用。锡是中国古代最早发现和利用的金属之一。考古发现，大量精美的夏商周时期的青铜器就是铜和锡的合金，比如最著名的后母戊鼎、何尊、墙盘等，其上的铭文证明了司马迁《史记》所记内容的正确性。中华文明一脉相承，中华文化灿烂辉煌，培养学生民族自豪感和文化自信。

引导问题4：选择锡作为浮托介质，玻璃液的密度比锡液小很多。因此玻璃液漂浮在锡液面上，在重力和表面张力作用下，达到一个平衡厚度，那么这个平衡厚度是多少呢？平衡厚度的存在对薄玻璃和厚玻璃的成形有何影响？

____

____

____

____

小提示

浮在锡液面上的熔融玻璃，在没有外力作用下，它的厚度主要取决于其表面张力和重力这两个因素（即收缩使其表面积变小或向外扩展变薄使其位能最低）。当这两种相反倾向的力相等时，即达到了平衡，称为自然厚度、自由厚度或平衡厚度。平衡厚度为具有足够流动性的高温玻璃液流到锡液上，因这两种液体在一定的温度范围内由于密度差和表面张力的作用，玻璃液厚度趋于某一平衡的值。当玻璃厚度超过自然厚度时，将扩展变薄；当玻璃厚度小于自然厚度时，它将收缩变厚。对于普通钠钙硅玻璃来说，平衡厚度约为 7mm。但是在浮法玻璃生产过程中，玻璃带因为受到牵引力作用而呈移动状态（不是处于静平衡状态），所以平衡厚度值为 6~6. 5mm。

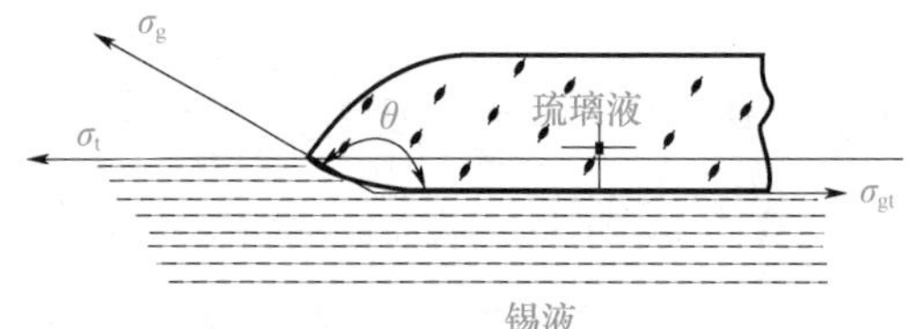

σ_t—自由锡液–保护气体的表面张力；
σ_g—玻璃带–保护气体的表面张力；
σ_{gt}—玻璃–锡液的表面张力。

图 3-2-2　玻璃液在锡液面上浮起

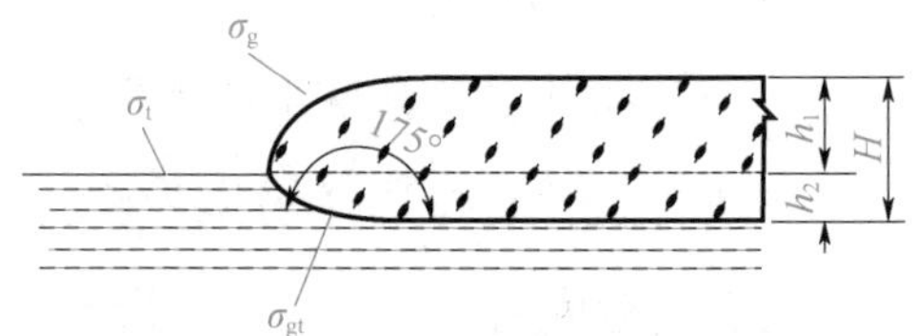

h_1—玻璃液在锡液面上的浮起高度，mm；
h_2—玻璃液沉入锡液的深度，mm；
H—玻璃带的厚度，mm。

图 3-2-3　玻璃液在锡液面上浮起高度

引导问题 5：摊平抛光区的温度、黏度、表面张力都控制好了，就能生产出优质玻璃了吗？拉边机的位置、间距对摊平抛光质量也有影响，那么需要确定哪些拉边机参数呢 ？

在温度区间与拉边机区相匹配好以后，拉边机的参数设置就至关重要了。一般，一套好的拉边机参数可以弥补锡槽或玻璃带本身的一些不足。

（1）拉边机对数的确定：根据不同厚度的玻璃选择恰当的拉边机对数，拉边机对数太多则会造成横向温差过大，拉边机对数过少达不到拉薄效果。

（2）拉边机参数一定要对称：拉边机参数中最终的“四度”为机头转动速度、机杆摆动角度、机头压入玻璃液深度、机杆外余长度。这些参数必须保持对称性。

（3）首对拉边机的位置：首对拉边机的作用是节流、维持板宽、稳定板根，是确定其他几对拉边机位置的基准。拉边机放置区温度太高，拉薄效果差。放置区温度太低，辊头打滑，拉不住带边。一般第一对拉边机放在距锡槽首端 7~9m 处，当然要根据生产线的实际情况而定，不能一概而论。

（4）拉边机间距：间距过大，会使作业失稳，降低拉薄效率，产生荷叶边现象。间距过小，则需要增加拉边机的对数，如果在锡槽两侧布置了多对拉边机，每对拉边机都相当于在玻璃带的边部设置了一组冷却器。造成横向温差过大，对玻璃成形不利。图 3-2-4 所示为拉边机玻璃液流股示意图。

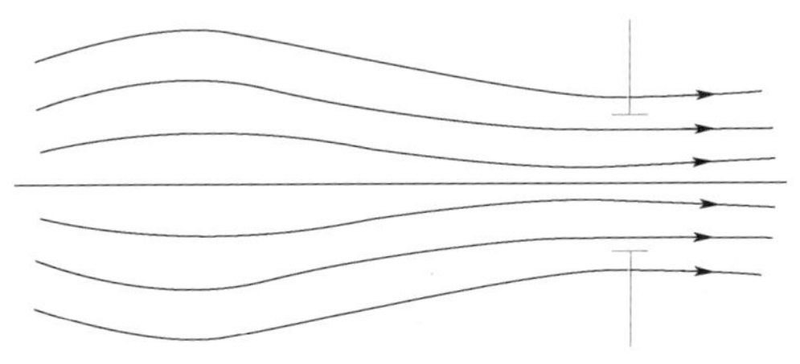

图 3-2-4 拉边机玻璃液流股示意图

引导问题 6：在浮法玻璃成形生产中经常出现各种玻璃质量问题，在摊平抛光环节最容易出现玻璃厚度不均、厚薄差过大的情况，这是个很难解决的问题，当你遇到困难的时候你如何想如何做呢？

____

____

____

____

工作实施

引导问题 7：根据上面的学习，总结出影响浮法玻璃摊平抛光质量的因素，用思维导图形式表示出来。

评价反馈

表 3-2-2　评价表

序号	评价项目	评分标准	分值	评价			综合得分
				自评	互评	师评	
1	锡槽工艺分区	熟悉各工艺分区的作用和要求	10				
2	摊平抛光的条件	能按照摊平抛光条件进行抛光区的控制	20				
3	拉边机参数	能处理拉边机参数不当对摊平抛光质量的影响问题	20				
4	课程思政	创新思维	25				
		文化自信	25				
合计			100				

拓展学习

3-2-1　微课-浮法玻璃成形工艺分区

3-2-2　PPT-浮法玻璃成形工艺分区

3-2-3　PPT-浮法摊平抛光机理及条件

3-2-4　微课-浮托介质

3-2-5　微课-浮法玻璃的平衡厚度

3-2-6　微课-拉边机参数设置

3-2-7　Word-拓展练习题

3-2-8　Word-拓展练习题答案

3-2-9　Word-思政素材

扫码学习

学习任务3-3 成形工艺参数设置及计算

任务描述

根据市场需求，在浮法玻璃生产过程中，经常需要改变玻璃板的厚度和板宽。不同厚度的玻璃所用拉边机对数和各拉边机参数都不同，要想生产出厚薄差小、厚度精准的浮法玻璃，必须设置合理的成形工艺参数，并能够计算产量（重量箱）、拉引量、拉引速度、收缩率等。在日常生产中能够完成改板、缩放板任务，将厚薄差控制到最小，能进行板宽、内牙距的调节。

学习目标

素质目标	知识目标	技能目标
1. 培养学生善于配合、团结协作能力； 2. 培养学生的节能环保意识； 3. 培养学生实事求是、精益求精的工匠精神	1. 掌握影响玻璃厚度的拉边机参数； 2. 掌握“内牙距”的概念； 3. 理解“负公差”的意义； 4. 理解改板相关计算公式的含义	1. 能够根据玻璃厚度确定恰当的拉边机参数； 2. 会改板和缩放板，生产中能够控制合理的内牙距； 3. 能按照国家标准要求控制负公差； 4. 会进行改板的相关计算

任务书

某 600t/d 浮法玻璃生产线正在生产 5mm 厚玻璃，合格板宽为 3. 3m，准备改成 3mm 厚，合格板宽 3. 0m，要求控制好厚薄差，负公差在 2. 80~2. 85mm，总成品率不低于 75%。

任务分组

表 3-3-1　学生任务分配表

<table>
<tr><td>班级</td><td></td><td>组号</td><td></td><td>日期</td><td></td></tr>
<tr><td>组长</td><td></td><td>指导教师</td><td colspan="3"></td></tr>
<tr><td>组员</td><td colspan="5"><table><tr><td>姓名</td><td>学号</td><td>姓名</td><td>学号</td></tr><tr><td></td><td></td><td></td><td></td></tr><tr><td></td><td></td><td></td><td></td></tr><tr><td></td><td></td><td></td><td></td></tr><tr><td></td><td></td><td></td><td></td></tr><tr><td></td><td></td><td></td><td></td></tr><tr><td></td><td></td><td></td><td></td></tr><tr><td></td><td></td><td></td><td></td></tr></table></td></tr>
<tr><td>任务分工</td><td colspan="5"></td></tr>
</table>

获取信息

引导问题 1：改板操作是浮法玻璃生产日常操作，请查阅资料制定改板操作流程。

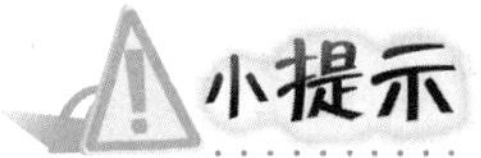

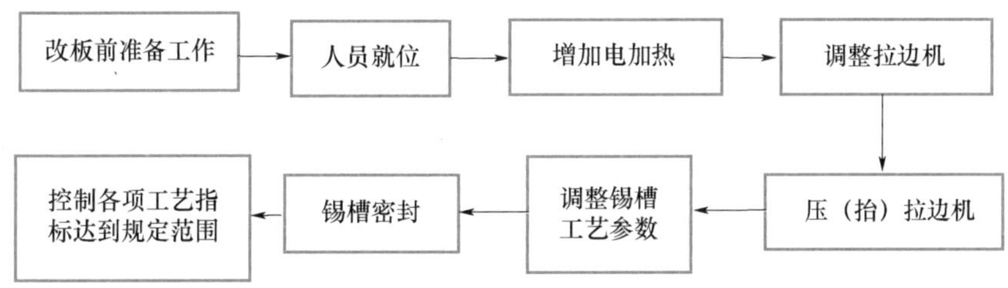

引导问题 2：不同厚度的玻璃需要设置不同的拉边机参数，这些参数都包括哪些？

____

____

____

____

____

小提示

1. 拉边机对数设置

根据不同厚度玻璃的需要，选择不同数量的拉边机对数，玻璃偏离平衡厚度越多需要拉边机对数越多。拉边机必须成对使用、相互配合，才能达到理想的厚度。

根据拉边机必须对称布置相互配合，引入红杉树的故事。这个故事告诉我们只有紧密地合作，才能创造出屹立不倒的伟业。培养学生团结协作能力。

2. 首对拉边机设置

在浮法成形工艺中，玻璃液通过落下、展薄、抛光、拉薄、冷却等几个阶段成形。根据成形对拉边机“平衡稳定、均匀拉薄”的要求，拉边机成对对称摆放于锡槽两侧。首对拉边机对玻璃液节流、维持带宽的调控作用最强，是确定其他几对拉边机位置的基准。

学习首对拉边机位置的重要性，就像领头雁带对方向，群雁才能振翅高飞。头雁迎风奋力，群雁才会协力向前。培养学生敢于担当、勇于负责的精神，在团队内起到模范带头作用。

3. 拉边机间距设置

当首对拉边机的位置确定之后，即可以其为基准确定其余拉边机的位置和间距。

4. 拉边机的“四度”

（1）速度：拉边机机头转动的速度。

（2）角度：拉边机机杆的偏转角度。

（3）深度：拉边机机头齿轮压入玻璃液的深度。

（4）拉边机机杆外余长度：控制内牙距和板宽。

5. 拉边机参数设置精准保证对称性

由于拉边机在速度控制方面采取一台变频器对称控制一对拉边机的机头旋转速度，同一对拉边机在理论设计上不存在速度偏差。但是如果同对拉边机的斜置角和机头的压入深度存在不一致性，则同对拉边机速度之余弦值，也就是其所处部位玻璃带前进速度出现偏差，导致两侧拉边机对玻璃带的节流作用不一致，最终使得玻璃带的两侧厚度出现偏差。

引导问题3：改变玻璃厚度，但拉引量不变称为等量改板。通过调节拉边机参数和拉引速度来调节玻璃板厚度，厚度发生变化收缩率随之改变，那么如何计算拉引量、拉引速度、收缩率呢？

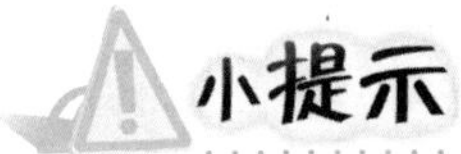

1. 拉引量计算：

$$Q = 24vB\delta\rho \tag{3-3-1}$$

2. 拉引速度计算：

$$v = \frac{Q}{24\rho\delta B} \tag{3-3-2}$$

3. 收缩率计算：

$$i = (B_0 - B)/B_0 \tag{3-3-3}$$

式中 Q——拉引量，t/d；

v——拉引速度，m/h；

B——原板宽度，m；

B_0——摊平抛光区玻璃带的宽度，m；

δ——玻璃板厚度，mm；

ρ——玻璃液的密度，t/m^3；

i——收缩率，%。

引导问题 4：玻璃带的板宽如何控制呢？你知道内牙距是什么吗？

____

____

____

____

小提示

在改板过程中，原板宽度是根据合格板宽确定的，在合格板宽的基础上加上两个玻璃原边宽度就是原板宽度，但原板宽度受锡槽内宽限制，必须保证锡槽两侧有足够的安全距离，才能保证生产的顺利进行，原板宽度板宽确定：$B_1 = B - 2f_2$（B 为锡槽窄段内宽；B_1 为原板宽度；f_2 为窄段两侧安全距离。见图 3-3-1）。

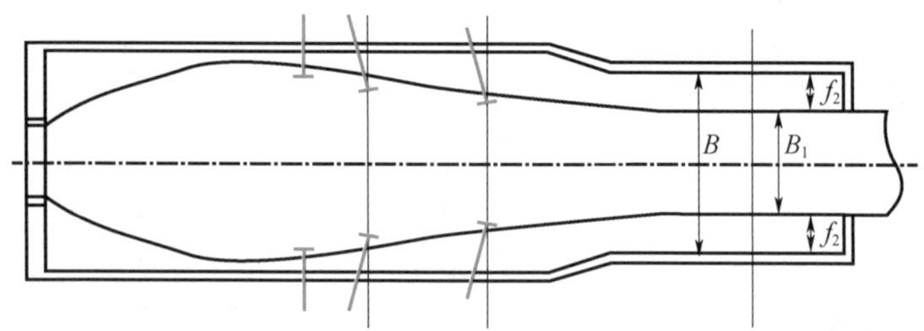

图 3-3-1　锡槽宽窄段示意图

引导问题 5：平板玻璃行业有个特殊的计量单位叫重量箱，简称重箱，你知道这个单位是怎么规定的吗？请计算 3mm、4mm、5mm、6mm、8mm、10mm、12mm、15mm、19mm、25mm 厚玻璃每重箱是多少平方米？在日常生产中你会计算产量吗？

____

____

____

____

小提示

由于平板玻璃厚度不同（图 3-3-2），用面积计算不方便，因此，玻璃行业规定了一个特殊计量单位称为重量箱，又称重箱。一个重量箱等于 2mm 厚的平板玻璃 $10m^2$ 的质量（重约 50kg）。

图 3-3-2　不同厚度玻璃板

引导问题 6：企业在生产中应尽量走负公差，负公差是在符合国家标准规定的厚度基础上，将厚度控制到最薄值，这样可以节省玻璃液，每年为企业增加可观的经济效益。走负公差必须在控制好厚薄差的基础上才可行，那么该如何控制厚薄差呢？

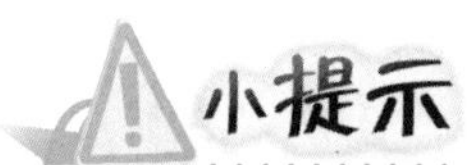

玻璃生产厂家正是利用国家标准的厚度公差这一规定，在允许的厚度范围内将成品玻璃的实际厚度尽可能降低，减少玻璃单重，从而节约原料。以 5mm 为例，平均厚度每增加 0.1mm，玻璃单重就将增加 1kg/重量箱。如以日产 8000 重量箱的浮法线为例，平均厚度每降低 0.1mm。每天可增产 160 重量箱，每年可增产 57600 重量箱，产值增加约 400 万元。由此可见，控制较好的厚度负公差，是生产厂家增收节支的一个重要渠道。

较小的厚薄差是实现厚度负公差控制的前提。实际浮法玻璃成形时，由于玻璃带温度的不均匀，最终产品总存在一定的厚薄差。需要高超的技术水平才能将厚薄差控制到最小，实现最佳的负公差控制。按照国家标准控制玻璃带负公差，既可节约资源，又可降低能耗，减少碳排放，为实现我国碳达峰碳中和目标做出应有的贡献。引导学生注重节能环保，提高环保意识。

工作计划

表 3-3-2　生产任务表

项目	内容	备注
任务	5mm 改板 3mm，合格板宽 3.0m	
生产量	3mm/100 万 m^2（________重量箱）	
质量等级	平板玻璃一等品	

1. 阅读生产计划：确定开始改产时间和需要时间。
2. 人员准备：共需要多少人，每人的任务分配。
3. 工器具准备：将所需工器具全部列出。
4. 工艺准备：原料质量保证，熔化、成形、退火温度调整到位。
5. 是否需要吹扫流道和锡槽顶盖，如果需要，请做出计划安排。
6. 拉边机对数确定，各个拉边机参数确定，拉引速度计算，原板宽确定。

工作实施

引导问题 7：根据上述所学，请计算 600t/d 浮法玻璃生产线由公称厚度 5mm 玻璃改板为公称厚度 3mm 的拉引速度，原板宽为 3.3m，合格板宽 3.0m，负公差在 2.80~2.85mm，总成品率不低于 75%，产量 100 万 m^2。请计算完成这项任务所需时间、重箱数及简单的改板安排。

通过讲解工艺参数设置和计算，了解到工艺参数的设置和计算直接关系到工艺流程能否顺利进行，计算误差过大可能造成严重后果。计算准确也可能有意想不到的收获。人类历史上唯一一次用计算的方法发现的大行星就是 1846 年勒维耶通过精准的计算，竟然算出了海王星的轨道，从而发现了第七大行星，说明了精益求精的重要性。

引导问题 7：改板过程需要团队成员及时沟通交流，相互配合才能快速高质量地完成改板任务，你觉得这些素质对做好工作重要吗？还需要培养哪些素质？

评价反馈

表 3-3-3 评价表

序号	评价项目	评分标准	分值	评价			综合得分
				自评	互评	师评	
1	拉边机参数	能确定拉边机的相关参数	10				
2	改板、缩放板	能控制合理的内牙距	10				
3	参数计算	会计算拉引量、重量箱、拉引速度、收缩率等相关参数值	20				
4	厚薄差控制	能控制厚薄差，并走负公差	10				
5	课程思政	节能环保意识	20				
		精益求精的科学精神	10				
		相互配合、团队协作能力	20				
合计			100				

拓展学习

3-3-1　Word-改板操作流程

3-3-2　PPT-拉边机参数设置

3-3-3　微课-拉边机参数设置

3-3-4　PPT-厚薄差控制

3-3-5　培训视频-玻璃厚薄差控制

3-3-6　Word-拓展练习题

3-3-7　Word-拓展练习题答案

3-3-8　Word-思政素材

扫码学习

学习任务3-4　浮法玻璃成形作业控制

任务描述

市场对平板玻璃厚度的需求多种多样，因此，浮法玻璃生产企业必须适应市场需求能生产各种厚度的玻璃产品。玻璃板可以分为厚玻璃和薄玻璃。厚玻璃和薄玻璃的成形方法不同。通过本任务的学习，能熟练掌握厚玻璃和薄玻璃的成形方法，并保证生产的顺利进行。

学习目标

素质目标	知识目标	技能目标
1. 创新是企业的生命，培养学生持之以恒、历久弥坚的求实创新精神； 2. 通过不同厚度玻璃之美培养学生的审美能力； 3. 培养学生善于积累，厚积薄发、砥砺前行，做出更大贡献	1. 掌握平衡厚度形成的原理； 2. 掌握薄玻璃的成形方法； 3. 掌握厚玻璃的成形方法	1. 能根据平衡厚度划分薄玻璃和厚玻璃； 2. 能够根据企业实际选择恰当的薄玻璃成形方法； 3. 能够根据企业实际选择恰当的厚玻璃成形方法

任务书

薄玻璃是指厚度低于平衡厚度的玻璃，其成形方法有多种。厚玻璃是指比平衡厚度厚的玻璃，其成形方法有 3 种，通过比较不同成形方法的优缺点，选择最适宜的方法进行薄玻璃和厚玻璃的成形作业，并进行综合控制，生产出优质的浮法玻璃。通过企业实际案例进行分析，完成案例分析报告。

任务分组

表 3-4-1 学生任务分配表

<table>
<tr><td>班级</td><td></td><td>组号</td><td></td><td>日期</td><td></td></tr>
<tr><td>组长</td><td></td><td>指导教师</td><td colspan="3"></td></tr>
<tr><td>组员</td><td colspan="5"><table><tr><td>姓名</td><td>学号</td><td>姓名</td><td>学号</td></tr><tr><td></td><td></td><td></td><td></td></tr><tr><td></td><td></td><td></td><td></td></tr><tr><td></td><td></td><td></td><td></td></tr><tr><td></td><td></td><td></td><td></td></tr><tr><td></td><td></td><td></td><td></td></tr><tr><td></td><td></td><td></td><td></td></tr></table></td></tr>
<tr><td>任务分工</td><td colspan="5"></td></tr>
</table>

获取信息

引导问题 1：查阅资料，浮法玻璃是什么时候发明的？世界三大浮法玻璃专利有哪些？中国最早采用机械法生产平板玻璃的企业是哪一家？你有何感想？

引导问题 2：根据平衡厚度划分出薄玻璃和厚玻璃，那么什么是平衡厚度？薄玻璃和厚玻璃是怎样规定的？

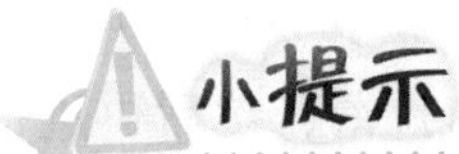

玻璃液在锡液面上主要受表面张力和重力作用，当这两种相反倾向的力相等时，即达到了平衡，称之为自然厚度、自由厚度或平衡厚度，约为7mm。但在正常生产中玻璃液还受退火窑辊道的拉力作用，使得这个平衡厚度下降到6~6.5mm。玻璃行业中规定比平衡厚度薄的玻璃称为薄玻璃，比平衡厚度厚的玻璃称为厚玻璃。图3-4-1所示为自然厚度的成形情况。

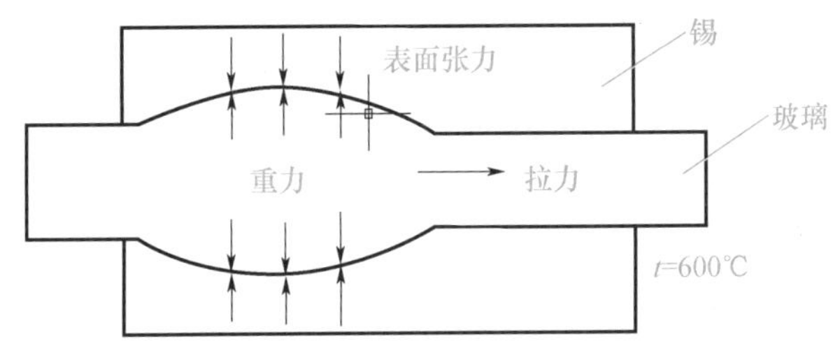

图 3-4-1 自然厚度的成形情况

引导问题3：薄玻璃是比平衡厚度薄的玻璃，那么薄玻璃成形有哪些方法呢？

____

____

____

____

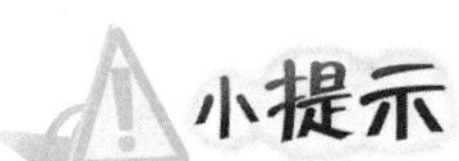

薄玻璃成形方法：

1. 徐冷拉薄法。徐冷拉薄法是浮法薄玻璃常用的成形方法。

通过徐冷拉薄法的学习，让学生认识到事物的发展规律是循序渐进的，不能急于求成，做事要脚踏实地，一步一个脚印。爱迪生发明灯泡的过程非常艰难，他先后进行了1600种材料的试验，最终取得成功。没有坚持、没有踏实的态度是做不成大事的。培养学生持之以恒、历久弥坚的求实创新精神。

2. 拉边机双向展薄法。双向展薄工艺是美国专利提出的第三代拉薄工艺，是在锡槽合适的温度区内，利用拉边机顺八字排布，先对玻璃带进行纵向拉薄，然后再进行横向拉薄，从而降低玻璃带的收缩率，提高玻璃的平整度。

引导问题 4：薄玻璃成形拉边机参数有何特点？

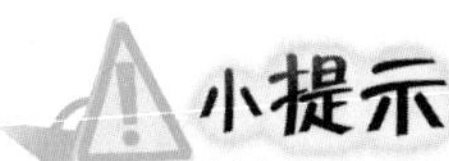

薄玻璃生产拉边机参数特点：

1. 拉边机摆角一般为正八字，打正角，有的企业也用负角控制厚薄差。

2. 拉边机速度逐对增大。

3. 拉边机角度一般逐渐增大。

引导问题 5：厚玻璃是比平衡厚度厚的玻璃，那么浮法工艺生产厚玻璃有哪几种方法？这几种方法各有何特点？

小提示

厚玻璃成形方法：石墨挡墙法、拉边机法、挡墙-拉边机法。

通过拉边机堆积的方法成形厚玻璃，厚积“玻”发，砥“璃”前行。为学生展示梁思成的古建筑手稿，手画的古建筑和备注的字体就像今天的印刷版，告诉学生梁思成先生的功夫都是从小积累的结果，厚积薄发、砥砺前行、集腋成裘，才能有所成就，同时培养良好的审美能力。

工作计划

表 3-4-2　薄玻璃生产计划

项目	内容（完成空白表格）
任务（日拉引量 600t/d）	公称厚度 3mm，合格板宽 3.0m
薄玻璃成形方法	
选用拉边机对数	
拉引速度/（m/h）	
原板宽度、内牙距/mm	

表 3-4-3　厚玻璃生产计划

项目	内容（完成空白表格）
任务（日拉引量 600t/d）	公称厚度 15mm，合格板宽 3.0m
厚玻璃成形方法	
选用成形设备	
拉引速度/（m/h）	
原板宽度、内牙距/mm	

工作实施

引导问题 6：根据以上所学，总结出浮法厚玻璃成形难度所在，及其相应的处理措施。

____

____

____

____

____

引导问题 7：企业实际生产案例分析

1. 生产实际案例描述

随着浮法工艺在我国的迅速发展，国内浮法企业已从厚度 5mm、6mm 的常规生产，向多品种厚玻璃的规模生产迈进。而生产 15mm 超厚浮法玻璃，必须在稳定 12mm 浮法厚玻璃的基础上才能进行。这是因为玻璃越厚趋向于平衡厚度的摊开大，堆积越困难，每个工艺参数的微小变化，都会影响整体的变化。某公司浮法二线设计日熔化量为 600t/d，实际达到了 640t/d。请根据 15mm 超厚浮法玻璃生产要求，概括总结生产中遇到的问题和采取的措施。

2. 案例问题

（1）生产厚玻璃有哪些要求？

（2）15mm 超厚玻璃采用哪种成形方法？

结合上述两个问题，重点讨论选择哪种厚玻璃的成形方法，以及厚玻璃生产的困难所在。

3. 案例分析流程

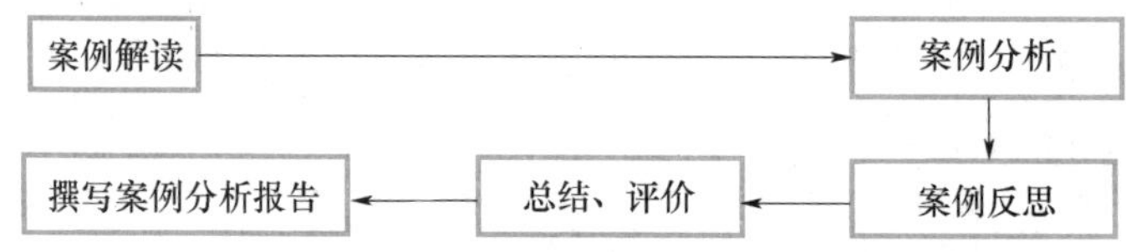

写出案例分析报告（另附一页纸）。

评价反馈

表 3-4-4 评价表

序号	评价项目	评分标准	分值	评价			综合得分
				自评	互评	师评	
1	平衡厚度	理解平衡厚度的形成原理	10				
2	薄玻璃成形方法	能够选择恰当的薄玻璃成形方法进行薄玻璃生产	20				

续表

序号	评价项目	评分标准	分值	评价			综合得分
				自评	互评	师评	
3	厚玻璃成形方法	能够选择恰当的厚玻璃成形方法进行厚玻璃生产	20				
4	课程思政	良好的审美能力	10				
		善于积累，厚积薄发	20				
		持之以恒的创新精神	20				
合计			100				

拓展学习

3-4-1 PPT-薄玻璃成形

3-4-2 微课-薄玻璃成形方法

3-4-3 微课-厚玻璃成形方法

3-4-4 PPT-厚玻璃成形

3-4-5 教学案例-厚玻璃的成形与退火

3-4-6 企业案例-15mm 浮法玻璃的生产

3-4-7 Word-拓展练习题

3-4-8 Word-拓展练习题答案

3-4-9 Word-思政素材

扫码学习

学习任务3-5 浮法玻璃成形设备操作

任务描述

浮法玻璃改板作业中最重要的设备有拉边机、水包以及调节温度制度的电加热系统，拉边机是控制板宽和厚度的成形设备，在浮法玻璃成形中起到重要作用。冷却水包和电加热系统是控制锡槽温度制度的设备，没有稳定的温度制度，浮法玻璃成形将无法顺利进行，也生产不出高质量的浮法玻璃，锡退岗位必须熟练操作拉边机和水包。

学习目标

素质目标	知识目标	技能目标
1. 树立成本意识、节能意识； 2. 培养系统思维能力； 3. 能够根据实际分析问题解决问题	1. 掌握拉边机的类型与结构； 2. 掌握冷却水包的结构和对冷却水水质的要求； 3. 熟悉锡槽所用电加热元件	1. 能进行拉边机的进出操作； 2. 会进行冷却水包的进出操作； 3. 能根据成形需要调节电加热系统； 4. 能处理常见的拉边机故障问题； 5. 能处理冷却设施漏水问题

任务书

1. 改板作业中进出拉边机操作。
2. 更换冷却水包操作。

任务分组

表 3-5-1　学生任务分配表

<table>
<tr><td>班级</td><td></td><td>组号</td><td></td><td>日期</td><td></td></tr>
<tr><td>组长</td><td></td><td>指导教师</td><td colspan="3"></td></tr>
<tr><td>组员</td><td colspan="5">
<table>
<tr><td>姓名</td><td>学号</td><td>姓名</td><td>学号</td></tr>
<tr><td></td><td></td><td></td><td></td></tr>
<tr><td></td><td></td><td></td><td></td></tr>
<tr><td></td><td></td><td></td><td></td></tr>
<tr><td></td><td></td><td></td><td></td></tr>
<tr><td></td><td></td><td></td><td></td></tr>
<tr><td></td><td></td><td></td><td></td></tr>
</table>
</td></tr>
<tr><td>任务分工</td><td colspan="5"></td></tr>
</table>

获取信息

引导问题 1：拉边机是重要的成形设备，拉边机的结构和作用是什么？

____

____

____

____

拉边机是生产浮法玻璃必不可少的设备之一，位于锡槽的两侧，对称布置、成对使用。在浮法生产线中，它用于牵引玻璃带的边部，防止玻璃带的收缩或延展，起到控制玻璃带厚度和宽度的作用。

拉边机按其辊头和玻璃带的接触方式分为压辊式和夹辊式两种，企业普遍使用压辊式拉边机。拉边机的形式有吊挂式和落地式（图 3-5-1），从控制上分自动和手动。目前，浮法玻璃企业都采用吊挂式或落地式全自动拉边机。

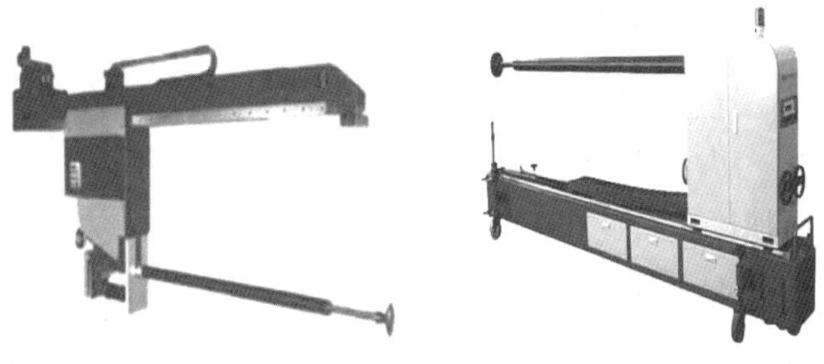

图 3-5-1　吊挂式和落地式拉边机

引导问题 2：在改板、缩放板中都可能需要进出拉边机操作，你知道如何进行拉边机进出锡槽的操作吗？

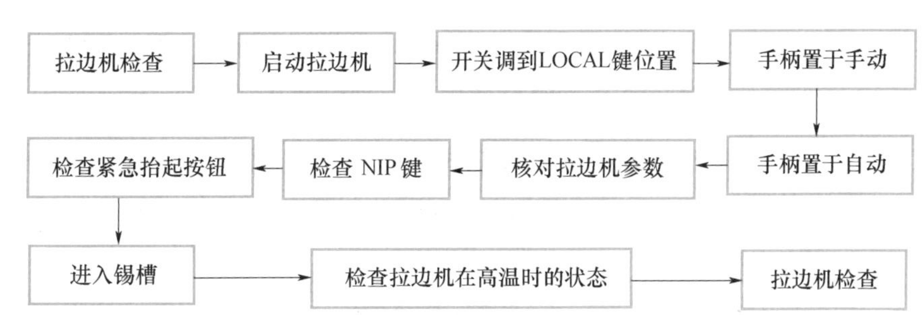

引导问题 3：拉边机是在锡槽高温的环境下工作，经常会出现一些问题，那么拉边机常见问题有哪些呢？你能处理吗？

小提示

拉边机长期在高温下工作，最常见问题是卷机头。玻璃液温度过高，冷却循环水太硬或是有杂质堵塞管路，或是机头上有毛刺等都会造成卷机头。

如果刚带起就发现，可直接用钩子向拉边机机头运转的反方向打掉即可。当发现拉边机已经卷机头后，应根据拉边机角度和车位状况，迅速调整其前后各拉边机参数和主传动速度，抬起该拉边机，清开机头与玻璃板的粘连。

卷机头严重时要把拉边机拉到锡槽内边部，停卷机头拉边机；用钩、铲子把卷机头的玻璃液处理掉，机头处理好以后恢复拉边机的位置，尽快压上拉边机恢复生产。如处理不掉抽出更换拉边机。若处理中发现机头有问题，可及时更换机头，若机杆内水垢造成通水不良，及时进行处理，保证其机头冷却效果。

通过结合生产实际情况，讨论分析拉边机卷机头的原因和解决措施，帮助学生建立全面分析问题解决问题的系统思维，鼓励学生勇于创新，积极探索未知，逐步掌握过硬本领，为企业贡献自己的力量。

引导问题 4：企业生产实际案例分析

Q 公司在 5 月 6 日 0：00 早班接班时正在生产厚度为 4mm 的浮法玻璃，合格板宽 3660mm。经现场查验，当时原板板宽 3850mm，内牙距 3750mm，光边≤50mm，处于不安全的范围。进行微调后状况并未明显好转，但还算稳定，2：40 左右，4 号拉边机处板突摆，北侧脱边，来不及进车位，板偏向南侧引起其他拉边机脱边。由于后续事故处理到位，及时关注挡边器、挡畦、出口温度等关键点，未造成严重事故。请分析脱边的原因，并给出预防措施。

____

____

____

____

引导问题 5：冷却水包是调节锡槽温度的重要设备，冷却水包用水有何要求？为什么？

____

____

____

____

____

引导问题6：锡槽用冷却水包有哪几种形式？其结构如何？

____

____

____

____

引导问题7：如何更换冷却水包？需要注意哪些问题呢？

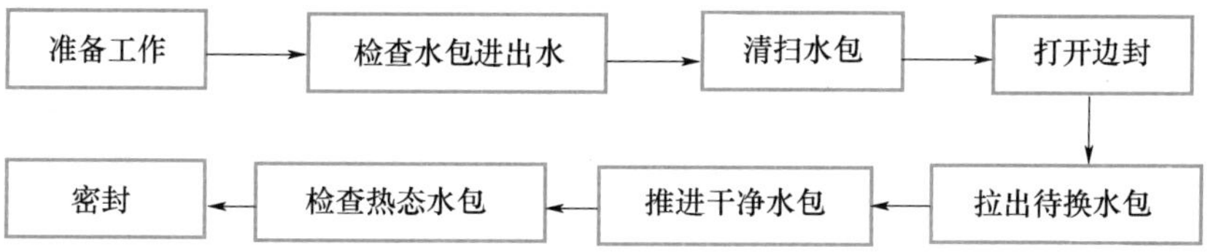

____

____

____

____

准备工作 → 检查水包进出水 → 清扫水包 → 打开边封 → 拉出待换水包 → 推进干净水包 → 检查热态水包 → 密封

引导问题8：锡槽是浮法玻璃生产三大热工设备之一。玻璃成形的场所需要一定的温度制度，玻璃液带来的热量是锡槽热量来源的主要部分，但在锡槽烘烤、生产故障或正常生产需要补充热量时，就需要电加热。锡槽电加热系统有何作用？常用的电加热元件是什么？

____

____

____

____

通过学习锡槽电加热系统，引申到注意节能，控制成本，培养学生节能意识和成本意识，提高企业经济效益。

引导问题9：浮法玻璃生产中经常会遇到各种各样的问题，遇到问题不能慌乱，要冷静分析，准确做出判断，快速进行处理，将损失降到最低。你具备这样的素质吗？你应如何培养自己分析问题、处理问题的能力？

____

工作实施

1. 根据以上所学，总结出什么情况下需要进出拉边机。

2. 根据以上所学，总结出在什么情况下需要更换冷却水包。

评价反馈

表 3-5-2　评价表

序号	评价项目	评分标准	分值	评价			综合得分
				自评	互评	师评	
1	进出拉边机操作	能进行拉边机的进出操作	10				
2	进出水包操作	能进行水包的进出操作	10				
3	电加热系统调节	会调节电加热	10				
4	处理拉边机常见故障	能正确处理常见的拉边机卷机头、脱边等问题	10				
5	水包常见问题处理	能正确处理水包漏水等问题	10				
4	课程思政	分析问题处理问题的能力	20				
		系统思维能力	10				
		成本意识	10				
		节能意识	10				
合计			100				

拓展学习

3-5-1　短视频-拉边机

3-5-2　企业视频-成形附属设备

3-5-3　PPT-拉边机操作

3-5-4　PPT-卷机头原因分析与处理

3-5-5　PPT-水包操作

3-5-6　短视频-锡槽冷却水包

3-5-7　PPT-锡槽加热和冷却系统

3-5-8　培训视频-锡槽加热和冷却系统

3-5-9　Word-拓展练习题

3-5-10　Word-拓展练习题答案

3-5-11　Word-思政素材

扫码学习

模块 4

浮法玻璃成形缺陷控制

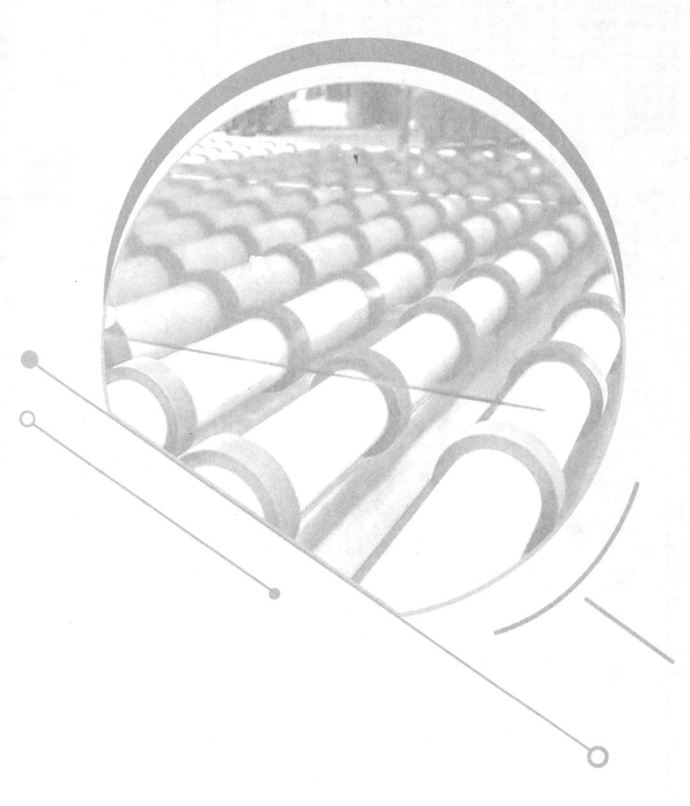

学习向导

知识导读

浮法玻璃成形是在锡槽内完成的，锡液在高温下极易氧化，造成光畸变点、钢化彩虹等缺陷，在流道、闸板、槽底、锡槽出口端等部位由于各种原因也会产生气泡、结石、线道、玻筋等缺陷，拉边机、水包等槽内成形设备操作不当也会产生缺陷，因此对浮法玻璃成形各个环节都要严格控制，防止各种缺陷的产生，保证高质量浮法玻璃生产。

本模块主要学习浮法玻璃成形缺陷种类、特征、形成的原因、对玻璃的影响以及缺陷的控制方法。

内容简介

序号	任务名称	学习目标			建议学时
		素质目标	知识目标	技能目标	
1	锡槽污染控制	1. 引导学生养成自律行为，学会自我约束自我管理； 2. 培养学生树立坚定的理想信念； 3. 培养学生认真严谨、注重细节的职业精神	1. 掌握锡槽中氧污染来源及引入途径； 2. 掌握锡槽中硫污染来源及引入途径	1. 能够处理氧污染导致玻璃缺陷的生产实际问题； 2. 能够处理硫污染导致玻璃缺陷的生产实际问题	2
2	光畸变点缺陷分析与处理	1. 培养学生高度的质量意识和责任意识； 2. 建立系统思维、辩证思维模式	1. 掌握光畸变点缺陷的特征； 2. 掌握光畸变点形成的原因； 3. 掌握影响光畸变点的因素	1. 能够准确鉴定光畸变点缺陷； 2. 能够预防光畸变点缺陷的形成； 3. 对生产中出现光畸变点缺陷，能够提出针对性的解决措施	2

续表

序号	任务名称	学习目标			建议学时
		素质目标	知识目标	技能目标	
3	钢化彩虹缺陷分析与处理	1. 培养学生的道德规范意识； 2. 引导学生传递正能量	1. 熟悉钢化彩虹的特征； 2. 掌握钢化彩虹形成的原因及预防处理措施	1. 能判定“钢化彩虹”缺陷； 2. 能对“钢化彩虹”缺陷提出预防与控制措施	4
4	沾锡缺陷分析与处理	1. 引导学生要辩证地看问题，不偏激，不走极端； 2. 培养学生正确认识自我； 3. 引导学生日日精进，攀登人生高峰	1. 掌握沾锡的原因； 2. 掌握沾锡的控制措施	1. 能够正确分析玻璃沾锡的原因； 2. 日常生产中能够预防控制沾锡	4
5	气泡缺陷分析与处理	1. 培养学生仔细观察、善于思考、精准判断的能力； 2. 培养学生终身学习的好习惯； 3. 培养学生坚韧的性格	1. 掌握各种成形气泡的特征； 2. 掌握气泡形成的原因及机理	1. 能够根据气泡缺陷特征分析原因并提出解决措施； 2. 能有效预防新建或冷修后的浮法玻璃生产线投产初期气泡	2
学习成果		LO4：浮法玻璃成形缺陷分析与处理			

学习成果

为了提高解决浮法玻璃成形缺陷的能力，有目标、有重点地进行学习、研究和应用实践，实现本模块的学习目标，特设计一个学习成果 LO4，请按时、高质量地完成。

一、完成学习成果 LO4 的基本要求

根据本模块所学知识和技能对浮法玻璃成形缺陷产生的原因、处理措施进行全面的分析和总结，形成本模块学习成果。成果可以是小论文、思维导图或其他新颖形式，能够反映学习效果即可。

二、学习成果评价要求

评价按照：优秀（85 分以上）；合格（70~84 分）；不合格（小于 70 分）。

评价要求	等级			
	优秀	合格	不合格	得分
内容完整性 （总分 30 分）	完整齐全正确 >26	基本齐全 22~26	问题明显 <22	
条理性 （总分 30 分）	条理性强 >26	条理性较强 22~26	问题较多 <22	
书写 （总分 20 分）	工整整洁 >15	基本工整 13~15	潦草 <13	
按时完成 （总分 20 分）	按时完成 >15	延迟 2 日以内 13~15	延迟 2 日以上 <13	
总得分				

学习任务4-1 锡槽污染控制

任务描述

浮法玻璃是在锡槽中成形的。锡的特点是高温下极为活跃，容易被氧和硫污染，形成锡石、锡点、光畸变点、沾锡、彩虹、雾点等缺陷，影响玻璃产量和质量，因此锡槽必须严格控制氧和硫，减少污染，生产高质量浮法玻璃。

学习目标

素质目标	知识目标	技能目标
1. 引导学生养成自律行为，学会自我约束自我管理； 2. 培养学生树立坚定的理想信念； 3. 培养学生认真严谨、注重细节的职业精神	1. 掌握锡槽中氧污染来源及引入途径； 2. 掌握锡槽中硫污染来源及引入途径	1. 能够处理氧污染导致玻璃缺陷的生产实际问题； 2. 能够处理硫污染导致玻璃缺陷的生产实际问题

任务书

通过查阅资料、小提示等获取知识的途径，分析锡槽中氧和硫的引入途径，结合企业生产实际案例分析，寻找治理氧污染和硫污染的措施。

任务分组

表4-1-1 学生任务分配表

班级		组号		日期	
组长		指导教师			

续表

<table>
<tr><td>班级</td><td></td><td>组号</td><td></td><td>日期</td><td></td></tr>
<tr><td>组员</td><td colspan="5">
<table>
<tr><td>姓名</td><td>学号</td><td>姓名</td><td>学号</td></tr>
<tr><td></td><td></td><td></td><td></td></tr>
<tr><td></td><td></td><td></td><td></td></tr>
<tr><td></td><td></td><td></td><td></td></tr>
<tr><td></td><td></td><td></td><td></td></tr>
<tr><td></td><td></td><td></td><td></td></tr>
<tr><td></td><td></td><td></td><td></td></tr>
</table>
</td></tr>
<tr><td>任务分工</td><td colspan="5"></td></tr>
</table>

获取信息

引导问题 1：锡槽中主要发生哪些化学反应？

引导问题 2：锡化合物具有哪些性质？

引导问题 3：锡槽中氧气的引入有哪几条途径？

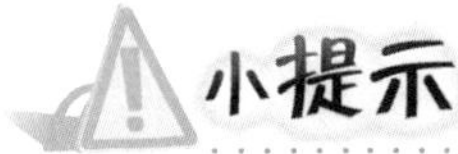

小提示

1. 保护气体引入

保护气体引入氧气的量是很小的，甚至可以说是微不足道的。以 $1700m^3/h$ 保护气量进行计算，假定保护气纯度（体积分数）为 5×10^{-6}，$1700\times5\times10^{-6}=8.5\times10^{-3}m^3/h$。

2. 玻璃液引入

氧气可从玻璃下表面侵入锡槽。但由该途径进入锡槽的氧气量是很低的。主要表现在从玻璃下表面渗出的阳离子，如 Fe^{2+}，在界面上与金属锡发生反应，生成二价锡，如下式所示：

$$FeO+Sn \longrightarrow Fe+SnO \tag{4-1-1}$$

3. 锡槽本体密封不良引入

主要是边封、观察窗、测温孔、拉边机与锡槽结合处等密封不严所致。边封龟裂、观察窗玻璃破碎、测温孔法兰不严、拉边机与锡槽结合处存在缝隙等均是引入氧气的主要原因。有些人认为只要保证槽压就没问题了，而忽略了气体扩散是由高浓度向低浓度渗透、扩散的这一规律。锡槽本体密封不良是引入氧气的一个主要原因。

通过锡槽本体、锡槽入口端、锡槽出口端等部位密封不良会导致氧、硫进入锡槽，产生污染，引申出生活中各种诱惑无孔不入，只有抵制住诱惑，扎紧篱笆打好桩，严于自律，才不会给“污染”机会，引导学生养成自律行为习惯，学会自我约束自我管理，培养学生的责任心。面对当今快速变化的社会、丰富多样的生活、形形色色的思潮，引导学生要坚定理想信念。

4. 锡槽入口端引入

实践经验表明，锡槽入口端是引入氧气的主要途径，尤其是在锡槽槽压相对熔窑冷却部压力较低的情况下，引入氧气的数量就越多。原因是锡槽流道闸板与侧墙之间存在

20～30mm 的缝隙，在压力差和浓度差的双重作用下，大量熔窑废气进入锡槽，不但有氧气还有二氧化硫等有害气体的侵入。严重时，锡槽前区会发生“冒烟”现象，锡液氧化严重。观察窗的玻璃镜很快“起雾”，甚至可以看到锡液面上有漂浮的锡灰出现。锡槽流道闸板附近可以看到灰白、灰黑色的颗粒状物质产生，其中大部分是硫化锡或氧化锡。

5. 锡槽出口端引入

锡槽出口端虽然有挡帘、闸板和氮气进行密封、气封，但也不是完全封闭的，在槽压较低的情况下，氧气的扩散和渗透也是存在的，尤其在锡槽出口与退火窑之间密封不好的情况下，这种扩散和渗透就更容易发生。

6. 氧气的呼吸循环

氧气在锡液中的溶解度随温度的变化而变化。可以形象地比喻，锡液在锡槽热端吸入氧气，因为溶解度的差异而在锡槽冷端呼出氧气。也可以说，锡液作为氧气的载体，将氧气由热端吸入而溶解，在冷端因为过饱和而释放，结果在锡液表面形成氧化锡漂浮物即锡灰。表 4-1-2 为氧气在熔融锡液中的溶解度。

表 4-1-2　氧气在熔融锡液中的溶解度

温度/℃	溶解度	温度/℃	溶解度
550	3×10^{-6}	850	280×10^{-6}
650	15×10^{-6}	950	650×10^{-6}
750	70×10^{-6}	1050	900×10^{-6}

锡槽中一旦引入了氧气，这些氧气很快就与锡液发生反应而形成 SnO，SnO 一部分以蒸汽的状态悬浮在保护气中，一部分溶解在锡液里，但 SnO 是不稳定的，在有氧气的条件下就生成 SnO_2，凝结在耐火材料的表面或形成锡灰漂浮在锡液的表面。凝结在耐火材料表面的 SnO_2 掉落在玻璃上表面或混入玻璃液中，就分别形成了光畸变点和锡石；溶解在锡液中的 SnO 同玻璃中的 K^+、Na^+、Ca^{2+}、Fe^{2+} 等互相交换，渗入玻璃中的 Sn^{2+} 进一步与 Fe^{3+} 发生氧化还原反应形成 Sn^{4+}，如式（4-1-2）所示：

$$Sn^{2+}+Fe^{3+}\longrightarrow Fe^{2+}+Sn^{4+} \quad (4\text{-}1\text{-}2)$$

在锡槽的还原性气氛中，氧化性玻璃内存在氧的活度梯度，还原性气氛对 Fe^{2+}、Fe^{3+}、Sn^{2+}、Sn^{4+} 的活度有明显影响，Sn^{2+} 的活度，表面最大，随深度快速降低；Sn^{4+}

的活度，表面最小，随着深度而提高；随着Sn^{2+}的不断向内部扩散，Sn^{2+}的活度越来越小，Sn^{4+}的活度越来越高，Sn^{2+}转化成Sn^{4+}的比例越来越多，而Sn^{4+}的扩散系数低于Sn^{2+}的扩散系数，Sn^{4+}不断滞留聚集，这样就形成了玻璃表面以Sn^{2+}的存在为主，内部以Sn^{4+}的存在为主。当玻璃进行钢化处理时，由于是在高温、有氧的条件下进行，表面的Sn^{2+}氧化成Sn^{4+}后，就会造成表面玻璃体积膨胀，从而导致下表面出现微褶皱，在同频率恒定相差光的照射下，继而形成光的干涉现象，我们俗称其为“彩虹”。这样的玻璃不适于作玻璃的弯钢化和钢化，严重影响玻璃在深加工方面的应用。

引导问题 4：锡槽中硫的引入有哪几条途径？

____

____

____

____

____

锡槽中硫的引入是很有害的，原因是它在锡液中的可溶性很高，而 SnS 在浮法生产工艺温度下的蒸汽压力又很高，见表 4-1-3。

表 4-1-3　SnS 的蒸汽压力

温度/℃	蒸汽压力/Pa	温度/℃	蒸汽压力/Pa
594	1. 33	960	1333. 32
705	13. 33	1010	13332. 2
760	133. 32		

这样很容易使 SnS 成为以最大量存在的污染物，它可凝结在锡槽顶盖、流道、水包等温度较低的部位，最终在温度、压力、气流冲击、震动等因素影响下，掉落在玻璃板上而形成光畸变点缺陷。槽内的硫主要来源于玻璃液，另外尾部过渡辊台处使用SO_2也对锡槽内有一定的污染，但从锡槽的整体影响程度上看，仍以玻璃液中的SO_2含量为主。

1. 玻璃液引入

浮法玻璃原料中使用芒硝作为澄清剂和助熔剂，导致玻璃成分中含有0.2%～0.3%的SO_3，熔融玻璃液中的硫，既可以硫化物形式挥发到锡槽保护气内，又可从玻璃下表面被萃取到锡液内。但SO_3的含量与芒硝含率、原料中的有害成分以及熔化过程的燃烧气氛是相关的。为了降低锡槽内芒硝含率，在配料成分中，严格控制硫含量大的原料成分，同时，尽量降低芒硝含率。根据生产试验验证，芒硝含率以控制在2.5%以内为好，控制芒硝含率最高也不能大于3%。

2. 保护气体引入

保护气体引入硫的量是很小的，甚至可以说是微不足道的。但是，以NH_3作为原料气生产的保护气中硫和硫化物的含量较高，因为NH_3中的含硫量体积分数在10×10^{-6}左右，分解气体经生产处理后的冷却净化，仍然含有3×10^{-6}左右的硫，在有H_2存在的情况下，S与H_2在300℃以上就反应形成H_2S气体，H_2S进而与Sn反应生成SnS。反应式如下：

$$H_2+S \longrightarrow H_2S \tag{4-1-3}$$

$$H_2S+Sn \longrightarrow SnS+H_2 \tag{4-1-4}$$

SnS在温度低于870℃时，直接由气相转化为固相，会在水包、流道、锡槽顶盖缝隙等低温处凝结，最终在温度、压力、气流冲击、震动等因素影响下，掉落在玻璃板上而形成光畸变点缺陷。我们经过对水包上的附着物进行测定，80%以上的物质为SnS。

3. 锡槽入口端引入

如前所述，锡槽入口端是引入氧气的主要途径，同时也是引入硫的主要途径，尤其是在锡槽槽压相对熔窑冷却部压力较低的情况下，引入硫的数量就越多。原因也是锡槽流道闸板与侧墙之间存在缝隙，在压力差和浓度差的双重作用下，一部分熔窑废气进入锡槽，SO_2等有害气体随之侵入，尤其在工业用渣油、调和油、煤焦油中硫含量超标时，这种污染就会加重。冷却部压力变化较大时，影响将会加剧。

4. 槽出口端的引入

主要是因为锡槽出口过渡辊台处使用SO_2的缘故，众所周知，SO_2可以对钢辊进行保护和防止玻璃下表面沾锡灰。但是，由于浓度差和压力差的作用，SO_2 也会侵入锡槽，并与锡发生化学反应，反应式如下：

$$SO_2+3Sn \longrightarrow 2SnO+SnS \quad (4\text{-}1\text{-}5)$$

其污染程度与 SO_2 的使用量、过渡辊处密封状态和使用位置有关。

引导问题 5：氧污染和硫污染的治理措施有哪些？

____

____

____

____

要想避免和减小氧、硫等杂质污染后锡的化合物对玻璃质量的影响，最好的途径是尽量减少进入锡槽的氧、硫和水蒸气等杂质，同时在设计锡槽时，高温区的顶盖上不允许有缝隙和漏气的地方。但是，氧、硫的污染不可能完全控制到理想状态，锡液总要被氧、硫污染，只是轻重的问题，各玻璃厂分别采用了不同的措施。

1. 保证保护气体的纯度和锡槽使用量，进入锡槽的保护气体（氮气+氢气）其氧含量（体积分数）应小于 3×10^{-6}，残氨含量（体积分数）小于 2.4×10^{-6}，H_2O 含量（体积分数）小于 5×10^{-6}；控制进入锡槽空间的保护气体的流量，并保证流量稳定在一定范围。

2. 控制好锡槽内的压力，做好锡槽的密封，避免空气从边封渗入锡槽内。

3. 控制硫的污染，由于熔化时加入芒硝作澄清剂，玻璃液不可避免地要将硫带入锡槽，所以减少硫污染造成的影响的唯一办法是控制熔窑冷却部将含硫的气流带入锡槽，这不仅对减少 SnS 的影响是有效的，同时对减少 SnO 的影响也是有效的。

4. 在锡槽高温区和中温区设置排放污染气体的导流装置，定时排放含有 SnO、SnO_2、SnS 等污染气体。

5. 加强操作管理，精心操作，生产操作中尽量少打开操作孔，以防大量空气进入槽内造成锡氧化而污染锡液。

6. 加强高温区保护，抑制在高温条件下 SnO 和 SnS 的形成。

7. 正确制定熔化制度，尽量使玻璃液中的 SO_3 等有害气体在澄清部充分排出，以减少在锡槽成形过程中溢出。

8. 加强锡槽出口端和渣箱的封闭，控制渣箱处 SO_2 的用量不大于 50L/h，提高槽内压力和防止锡槽尾端往玻璃板面喷的 SO_2 气体逆流进入槽内生成 SnS。

9. 在出口安装扒渣机，及时清理被污染的锡灰，减少锡槽污染。

10. 在锡液内加入比锡更易氧化的金属。在锡液内加入比锡更易氧化的金属使之先被氧化，浮于锡液表面（此金属或金属氧化物不得对玻璃有害），及时清理出去，从而减少锡液污染。生产实践中经常利用纯铁投放技术来净化锡液。

此外，经常采用 0.5~0.6MPa 的高纯氮气吹扫流道调节闸板两侧、流道盖板底部及锡槽顶盖砖缝隙，特别是对穿有冷却水包位置的锡槽顶进行认真吹扫，清理锡槽顶盖表面上的 SnO 和 SnS 的冷凝物。也可采用在锡槽高温区引入少量氯气（Cl_2）和氮气混合的方法，以改变金属锡与耐火材料之间的润湿角，使氯气与锡槽中污染的锡反应生成较大的氯化锡液滴，$SnCl_2$ 连同过量的 HCl 在过渡辊台逸出或冷凝后滴落到玻璃板上而带出锡槽。使用这种方法防止了其他物理吹扫方式可能对锡槽气氛的不良影响，同时节省人力，降低了操作者的工作强度。

在治理锡槽污染的措施中，还有许多的方法，各玻璃厂采用的方法也各不相同，但都得到了一定的效果。总的来说，锡槽的氧、硫污染的控制是一个较为复杂的控制过程，在实际操作中，要根据生产实际情况而定，不能盲目，以减少副作用的产生。

工作实施

引导问题 6：生产实际案例分析

某浮法玻璃生产线由国内设计，熔化量为 400t/d，设计窑龄为 5 年，已运行 3 年。其间出现过一次配错料，芒硝含率过大，流入锡槽内事故，还出现过一次满槽事故。当时，锡槽工况不好，玻璃板面质量差，光畸变点多，几乎成锡雨，在流道闸板处有黄色珠状物，在锡槽高温区观察孔处也有此类物质，在锡槽内的水包，直线电机、拉边机机杆上有厚厚的灰黑色沉积物，在中低温区锡液面上漂浮的白色锡灰多，每月有将近 500kg 的锡耗，锡槽平均 20 天吹扫一次，水包和拉边机机杆 5 天清扫一次，严重地影响了正常生产。

经过现场仔细观察，了解生产线的第一手资料，并检测分析，诊断造成问题的主要因素是锡槽的硫污染。就上述生产实际案例描述内容，结合预防硫、氧污染的措施，分组讨论本案例中的硫污染解决措施，写出案例分析报告。

通过锡槽硫污染案例分析，引导学生工作中注重细节，一个细节不注意就会给玻璃质量带来影响。培养学生严谨认真、一丝不苟的职业精神和精益求精的工匠精神，否则一个小小的疏忽可能引起大事故。

表 4-1-4 评价表

序号	评价项目	评分标准	分值	评价			综合得分
				自评	互评	师评	
1	氧污染来源及危害	能够处理氧污染造成的质量问题	20				
2	硫污染来源及危害	能够处理硫污染造成的质量问题	20				
3	案例分析	案例分析内容全面、准确，分析报告内容翔实，有条理	10				

续表

序号	评价项目	评分标准	分值	评价			综合得分
				自评	互评	师评	
4	课程思政	自我约束能力	20				
		坚定的理想信念	10				
		严谨认真、一丝不苟的职业精神	20				
合计			100				

拓展学习

4-1-1　Word-锡槽中的化学反应

4-1-2　Word-锡化合物的性质

4-1-3　PPT-锡槽中的氧污染和硫污染

4-1-4　微课-锡的污染来源

4-1-5　微课-成形缺陷的防治

4-1-6　Word-锡槽中的氧污染与硫污染练习题

4-1-7　Word-锡槽中的氧污染与硫污染练习题答案

4-1-8　Word-思政素材

扫码学习

学习任务4-2　光畸变点缺陷分析与处理

任务描述

某企业浮法线在投产时，玻璃上就有大量的光畸变点。锡槽内的热电偶、水包、操作孔、挡板的内表面以及锡槽前部的闸板朝向锡槽的一面都有锡灰附着，而且有黄色小颗粒附在上面（经化验，黄色小颗粒为硫单质）。正常生产时，每隔10天左右就要对锡槽吹扫一次，否则就会由于锡灰太多而无法生产。结合实际查找资料，帮助企业分析原因并提出解决措施。

学习目标

素质目标	知识目标	技能目标
1. 培养学生高度的质量意识和责任意识； 2. 建立系统思维、辩证思维模式	1. 掌握光畸变点缺陷的特征； 2. 掌握光畸变点的形成原因； 3. 掌握影响光畸变点的因素	1. 能够准确鉴定光畸变点缺陷； 2. 能够预防光畸变点缺陷的形成； 3. 对生产中出现光畸变点缺陷，能够提出针对性的解决措施

任务书

通过查阅资料、小提示等获取知识途径，分析该企业形成光畸变点缺陷的原因，并找出解决办法。

任务分组

表 4-2-1　学生任务分配表

<table>
<tr><td>班级</td><td></td><td>组号</td><td></td><td>日期</td><td></td></tr>
<tr><td>组长</td><td></td><td>指导教师</td><td colspan="3"></td></tr>
<tr><td>组员</td><td colspan="5">
<table>
<tr><td>姓名</td><td>学号</td><td>姓名</td><td>学号</td></tr>
<tr><td></td><td></td><td></td><td></td></tr>
<tr><td></td><td></td><td></td><td></td></tr>
<tr><td></td><td></td><td></td><td></td></tr>
<tr><td></td><td></td><td></td><td></td></tr>
<tr><td></td><td></td><td></td><td></td></tr>
<tr><td></td><td></td><td></td><td></td></tr>
</table>
</td></tr>
<tr><td>任务分工</td><td colspan="5"></td></tr>
</table>

获取信息

引导问题 1：光畸变点缺陷形成的主要原因是什么？

____

____

____

____

小提示

熔化玻璃液时使用硫酸钠作为澄清剂，玻璃成分中有 0.2%~0.3%的 SO_3，当玻璃液流入锡槽时，若此时有亚锡离子 Sn^{2+} 扩散到玻璃中，就将 SO_3 置换出来，同时，SO_3 的含量与熔化过程中燃烧气氛有关。另外，将硫或含有硫的物质与锡液接触，会很容易生成 SnS。因此，锡槽内通常有 SnS、SnS_2、Sn_2S、Sn_2S_3 硫化物存在，硫化物在不

同条件下可以相互转化。

锡的硫化物挥发冷凝后形成蓝黑色且带金属光泽的晶体，它极易在温度低的表面积聚，这些积聚物掉落到玻璃板上表面，形成带有凹坑的黑斑点，产生光学畸变，俗称“光畸变点”。如果将 SnS 在空气中加热到 700~800℃时，则会氧化成氧化锡。

$$SnS+2O_2 \longrightarrow SnO_2+SO_2 \tag{4-2-1}$$

SnS 在 323~857℃时能溶解于锡液中，低于 232℃时，SnS 与 Sn 共晶；高于 857℃时，SnS 溶液浮在锡液面上。

一般情况下，若光畸变点呈长条状、片状，压入玻璃板较深而且比较大时，是由前区水包形成的；若光畸变点呈现小片状，压入玻璃板较浅时，是由中温水包形成的；若光畸变点大小形状不太规律，且数量较多时，则可能是锡槽顶罩形成的；而流道产生的光畸变点深而不长。

质量是企业的生命，因此，要降低缺陷率，提高产品质量。日本零缺陷管理模式使得制造业的产品质量得到迅速提高，强化学生质量意识，树立振兴中国制造业的信心和为中华民族伟大复兴而奋斗的信念。

引导问题 2：光畸变点缺陷有哪些特征？

____

____

____

____

____

____

引导问题 3：有效预防和处理光畸变点缺陷的措施主要有哪些？

____

____

____

____

____

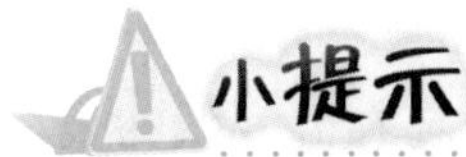

1. 加强锡槽密封，减少锡液污染。

重点对锡槽进口、锡槽出口、锡槽边封处进行密封；锡槽进口用纯氮箱氮气密封，锡槽出口在保障安全的前提下，尽量降低出口闸板的开度。

2. 提高锡槽压力，减少外界氧气进入。

通过加强密封、提高保护气用量等措施，保证锡槽压力在20Pa以上。

3. 调整锡槽保护气用量，增加 H_2 含率，特别是增加锡槽进口和出口 H_2 含率。

4. 定期吹扫锡槽顶罩、流道、前区和中温区水包。

尽量选在改板时吹扫，一般一个月左右吹扫一次，并根据质量情况采取针对性措施。

总之，玻璃在锡槽内成形，光畸变点是浮法成形的特有缺陷。只有做好锡槽密封、保证锡槽工况稳定，才能为生产优质玻璃创造良好条件。

引导问题4：形成光畸变点缺陷的主要原因是SnS，高温条件下SnS挥发，在冷凝时，落在拉边机、水包、热电偶和操作孔挡板上时形成了锡灰，落在玻璃表面上就形成了光畸变点。那么该案例中应该从哪几方面入手分析硫的来源呢？

小提示

该企业的浮法线使用的锡块经取样化验，锡块中没有发现有硫元素。锡槽中使用的保护气体中的氢来自液氨的裂解。经某化验中心鉴定，确定使用的液氨符合规定的标准要求，其中没有硫的存在。

既然液氨中没有硫，那么硫从何而来呢？锡槽中硫可能来源于玻璃配合料中的芒硝，尤其当玻璃配合料是中性和氧化性时，芒硝分解温度滞后，即芒硝中的主要成分

是 Na_2SO_4，在无还原剂时的热分解温度高达 1120~1220℃；加入碳还原剂后，其分解温度降低到 600~780℃，反应速度相应加快，也就造成 SO_2 气体在熔窑中溢出时间增长，溢出完全，以至于在锡槽中析出量浓度（体积分数）达不到 10×10^{-6}，也就不能使锡受污染，不会出现光畸变点。

此企业另一浮法线在玻璃配合料中就加有煤粉，而芒硝含率是 4.5%，正常生产中，玻璃表面没有光畸变点。而出现光畸变点的浮法线玻璃配合料中没有加煤粉，芒硝分解温度滞后，就造成 SO_2 气体在熔窑中溢出时间缩短，溢出不完全，使锡液受到污染，即发生了氧化还原反应，生成硫化亚锡和硫化锡。这两种物质易挥发，在冷凝时，落在拉边机、水包、热电偶和操作孔挡板上时形成了锡灰，落在玻璃表面上就形成了光畸变点。

引导问题 5：通过对硫的来源分析，接下来应该如何处理？

工作实施

引导问题 6：通过上述案例描述及引导问题的分析，提出解决问题方案，撰写案例报告。

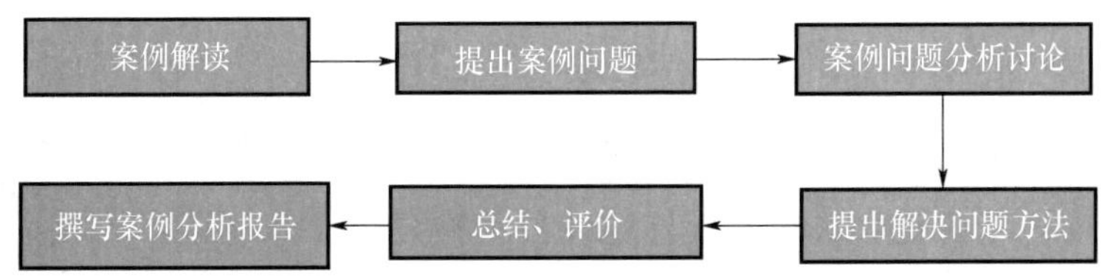

通过对企业生产实际案例的讨论分析，引导学生学习分析问题解决问题的方法，按照提出问题—分析问题—解决问题的思路，建立系统思维和辩证思维模式，提高解决实际问题的综合能力。

评价反馈

表 4-2-2 学习效果评价表

序号	评价项目	评分标准	分值	评价			综合得分
				自评	互评	师评	
1	锡缺陷特征	能准确说出光畸变点、钢化彩虹、沾锡等缺陷特征	10				
2	光畸变点缺陷形成原因	能够分析光畸变点缺陷形成原因	10				
3	光畸变点预防控制措施	能制定光畸变点缺陷有效的预防措施	10				
4	案例分析报告	分析准确深入，措施合理有效，报告条理清楚	20				
5	课程思政	系统思维，辩证意识	10				
		大局意识，核心意识	10				
		质量意识	20				
		创新意识	10				
合计			100				

拓展学习

4-2-1 PPT-光畸变点缺陷分析与处理

4-2-2 微课-光畸变点缺陷分析与处理

4-2-3 Word-光畸变点缺陷分析与处理习题

4-2-4 Word-光畸变点缺陷分析与处理习题答案

4-2-5 Word-思政素材

扫码学习

学习任务 4-3 钢化彩虹缺陷分析与处理

任务描述

钢化彩虹是指浮法玻璃进行钢化或热弯时，在玻璃下表面（成形时与锡液接触的表面）产生光学衍射和干涉效应（玻璃下表面呈微蓝色），俗称“钢化彩虹”。那么产生钢化彩虹的原因是什么呢？怎样进行预防和处理呢？

学习目标

素质目标	知识目标	技能目标
1. 培养学生的道德规范意识； 2. 引导学生传递正能量	1. 熟悉钢化彩虹的特征； 2. 掌握钢化彩虹的形成原因及预防处理措施	1. 能判定“钢化彩虹”缺陷； 2. 能对“钢化彩虹”缺陷提出预防与控制措施

任务书

通过查阅资料、小提示等获取知识的途径，找到钢化彩虹形成的原因，有效地对钢化彩虹进行控制和预防。

任务分组

表 4-3-1　学生任务分配表

班级		组号		日期	
组长		指导教师			

续表

<table>
<tr><td>班级</td><td></td><td>组号</td><td></td><td>日期</td><td></td></tr>
<tr><td>组员</td><td colspan="5">
<table>
<tr><td>姓名</td><td>学号</td><td>姓名</td><td>学号</td></tr>
<tr><td></td><td></td><td></td><td></td></tr>
<tr><td></td><td></td><td></td><td></td></tr>
<tr><td></td><td></td><td></td><td></td></tr>
<tr><td></td><td></td><td></td><td></td></tr>
<tr><td></td><td></td><td></td><td></td></tr>
<tr><td></td><td></td><td></td><td></td></tr>
</table>
</td></tr>
<tr><td>任务分工</td><td colspan="5"></td></tr>
</table>

获取信息

引导问题 1：查阅资料，找到钢化彩虹形成的原因。

____

____

____

____

____

小提示

锡槽内存在着离子扩散和交换反应，如果锡液被污染，则二价锡离子就会向玻璃板内扩散。玻璃表面渗锡改变了玻璃表层的化学成分和结构，也就改变了浮法玻璃的物理化学性能。当渗锡量达到一定量时，浮法玻璃在钢化、镀膜等热加工中会出现“彩虹”现象。主要是由于玻璃下表面的亚锡离子，在还原性保护气体作用下是稳定的。当玻璃表面层中所吸收的 SnO 含量较高时，也就是当表面层渗锡量超过 $32\mu g/cm^2$ 时，这种玻璃如果在 600℃温度下进行钢化或热弯处理，则玻璃表面层中的氧化亚锡将部分地吸收空气中的氧而转变为氧化锡：

$$SnO+\frac{1}{2}O_2 \longrightarrow SnO_2 \qquad (4\text{-}3\text{-}1)$$

这样，在玻璃表面层中增加了若干离子半径较大的氧离子，在进行热处理时，空气中的氧和氧化亚锡发生化学反应，生成氧化锡，由于氧化锡的晶胞体积比氧化亚锡体积大，即发生了价态体积效应，使玻璃表面发生体积膨胀，局部的体积膨胀产生了微观皱纹，使之凹凸不平，在光照射下产生干涉现象而呈现出干涉色——钢化彩虹。

玻璃表面亚锡离子的含量增加，价态体积效应随着增加，钢化虹彩出现的概率就增大。钢化彩虹形成的主要原因是表面渗透了一定量的亚锡离子，因此，为防止钢化彩虹，必须防止锡氧化，减少玻璃下表面的渗锡离子。

引导问题 2：请描述钢化彩虹的特征。

____

____

____

____

引导问题 3：请分析玻璃产生渗锡的主要原因。

____

____

____

____

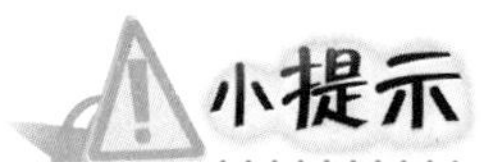

玻璃表面渗锡是浮法玻璃生产工艺特有的一种缺陷。玻璃的渗锡缺陷在玻璃上下表面都可能出现，但渗锡量不一样，常见的为下表面渗锡。

常规状况下看不到玻璃表面的渗锡缺陷，只有在原板玻璃进行热处理（例如钢化加工）时，玻璃板面上往往会出现一层彩色的微皱纹，呈现出“彩虹”现象的，就是出现了渗锡缺陷。“彩虹”现象在一定温度范围内随玻璃热处理时间的增加和温度的提高而加重。

由于玻璃下表面存在渗锡现象，所以，用紫外光照射锡液一侧含锡的表面层会产生浅蓝色的荧光，这是鉴定浮法玻璃的简单方法，也可以用它来区别浮法玻璃的两面。

在锡槽内，锡液、玻璃液和保护气体在高温条件下构成了多相复杂的离子交换系统，各相间所含组分差异很大，在高温下相互间的离子交换作用是必然发生的。单纯锡是不能与玻璃产生离子交换的，相互间是比较稳定的；玻璃体的骨架是由硅氧四面体组成的，在骨架间填充有一价的钠钾碱金属氧化物和二价的碱土金属氧化物。当锡槽内进入空气把锡氧化成 SnO 时，锡液中和保护气体中就会出现活泼的 SnO，由于相互间的组分浓度不同，在氧离子的负电荷电场力作用下，使 SnO 离子化，相互间形成离子作用，SnO 离子进入玻璃表面形成新的 SnO，而被置换出来的碱金属离子和碱土金属离子形成新的氧化物进入锡液或挥发成气体混入保护气体中，从而与玻璃之间形成了活泼的离子交换系统。

引导问题 4：影响渗锡的因素有哪些？

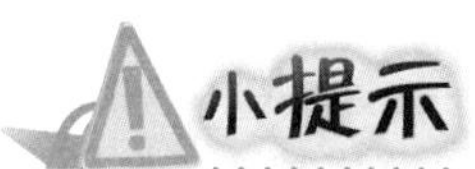

1. 玻璃表面的渗锡量与玻璃本体的含铁量有关，含铁量高，则渗锡量也大。这主要是因为从玻璃下表面渗出的 Fe^{2+} 在界面上与金属锡反应，使 Sn 氧化为 Sn^{2+} 的缘故。

2. 玻璃表面的渗锡量与玻璃本体的芒硝含率有关，芒硝含率高，则渗锡量也高。玻璃带进入锡槽并将硫带入锡槽，在氢气作用下硫与锡反应生成 SnS，这也是产生 Sn^{2+} 的原因之一。

3. 玻璃表面的渗锡量与温度有关，高温端的渗锡量约占总渗锡量的 3/4。研究表明，在 850℃以上，其扩散系数随温度升高增加较快，而在 800℃以下扩散系数较小。

4. 浮法玻璃表面的渗锡分布与其工艺有着一定的关系。在锡槽内，SnO 向玻璃的扩散遵循一般扩散原理，在玻璃离开锡槽后的退火过程中，经 SO_2 处理时，Sn^{2+} 被氧化成 Sn^{4+}，根据网络匹配原理，Sn^{4+} 易向玻璃内部扩散形成一个卫星峰，这时玻璃表面的锡含量将降低。

5. 玻璃表层氧化锡浓度的大小与锡槽内气氛的露点直接有关。露点提高，氧化锡浓度增大，渗透深度和渗锡损失都会明显增加。

引导问题 5：钢化彩虹的预防控制措施有哪些？

____

____

____

____

从上述产生钢化彩虹的原因来看，锡必须通过 SnO 才能与玻璃产生离子交换条件，所以防止渗锡的主要方法是防止锡槽内产生 SnO。防止产生 SnO 可采取以下措施：

（1）加强锡槽密封，维持锡槽内正压操作。例如，在锡槽进出口采用氮气气封，密封锡槽边封时不使用掺水的泥料，以减少 O_2、H_2O 和 SO_2 进入锡槽的机会，从而减少 SnO 渗入量。

（2）提高保护气体的纯度和用量，增加槽内压力，防止外界气体进入。

（3）适当增加氢气含量是减少渗锡有效的措施。

（4）锡槽高温区既具有 SnO 的挥发条件，也具备锡液对 SnO 的溶解条件，特别是在大于 1040℃温度条件下，锡氧化可形成 Sn_3O_4，并完全溶解于锡液中，低温时再分解成 SnO 溶于锡液中，所以在锡槽工艺控制中必须严格控制高温区的温度：一是不要使高温区温度过高，应将其限制在最低温度内；二是要控制高温区长度，这样做的目的就是为减弱 SnO 在高温区所形成的危害条件。

（5）由于 SnO 的渗入不是单向的，与玻璃液的内在质量有很大关系，如果玻璃组分不均，就会使 SnO 的离子交换速度增快，所以，设计一组较为合理的玻璃成分特别是防止玻璃液中芒硝水的存在，也是防止渗锡的方法之一。

（6）在锡槽出口端使用直线电机，以使出口端的锡液能在直线电机的作用下保持流动状态，同时消除出口三角区处玻璃板下的锡灰，起到防止玻璃板面被再次污染的作用。

（7）在锡液中加入锂、钠、钾、铁等微量元素，使之优先与氧和硫等杂质反应。一般铁片的杂质要求控制在：碳含量（质量分数）小于 0.03‰，镁含量小于 0.2‰，磷含量小于 0.08‰，硫含量小于 0.2‰。与锡相比，铁更容易与氧气反应。作为控制彩虹的一个手段，可以定期测定锡液中铁的含量，一般应控制铁含量在 0.2‰左右。

（8）在过渡辊台的第一根辊和第二根辊之间加 N_2 喷管，在第二根辊和第三根辊之间安装 SO_2 喷管，这样前面的 N_2 形成气幕阻止外界的 O_2 和后面的 SO_2 进入锡槽的三角区。

国家大力提倡社会主义精神文明建设，包括道德建设和教育科学文化建设。在现实社会中总有一些不文明的人和不文明的现象，他们无孔不入，如果不加以抑制会形成不良社会风气。作为新时代大学生必须严格要求自己，做文明人，干文明事，为身边人做出表率，当发现不文明现象时能挺身而出加以制止，做文明社会的卫道士，传递正能量。

引导问题 6：浮法玻璃企业常用的钢化彩虹检测设备是什么？

引导问题 7：找出钢化彩虹产生的根本原因需要调查分析，那么在调查分析的过程你有何感悟和收获？

评价反馈

表 4-3-2　评价表

序号	评价项目	评分标准	分值	评价			综合得分
				自评	互评	师评	
1	钢化彩虹的特征	熟悉钢化彩虹的特征	10				
2	钢化彩虹成因	能正确说明钢化彩虹形成的原因	20				
3	钢化彩虹预防控制措施	能对钢化彩虹进行有效预防控制	20				
4	课程思政	做文明人，干文明事	10				
		道德规范意识	20				
		传递正能量	20				
合计			100				

拓展学习

4-3-1　PPT-钢化彩虹缺陷分析与处理

4-3-2　微课-钢化彩虹缺陷分析与处理

4-3-3　Word-钢化彩虹缺陷分析与处理习题

4-3-4　Word-钢化彩虹缺陷分析与处理习题答案

4-3-5　Word-思政素材

扫码学习

学习任务 4-4　沾锡缺陷分析与处理

任务描述

纯净的锡液与玻璃互不润湿，但玻璃表面的亚锡离子与锡有亲和力。当浓度达到一定值时会出现沾锡现象。这不仅增加了锡耗量，而且还降低了玻璃质量。生产中发现沾锡缺陷应该怎样分析处理呢？

学习目标

素质目标	知识目标	技能目标
1. 引导学生要辩证地看问题，不偏激，不走极端； 2. 培养学生正确认识自我； 3. 引导学生日日精进，攀登人生高峰	1. 掌握沾锡的原因； 2. 掌握沾锡的控制措施	1. 能够正确分析玻璃沾锡的原因； 2. 日常生产中能够预防控制沾锡

任务书

通过查阅资料、小提示等获取知识的途径，找出亚锡离子是怎样进入玻璃表面的？离子扩散与离子交换反应机理又是什么？沾锡缺陷是怎么形成的？该如何处理？

任务分组

表 4-4-1　学生任务分配表

班级		组号		日期	
组长		指导教师			

续表

<table>
<tr><td>班级</td><td></td><td>组号</td><td></td><td>日期</td><td></td></tr>
<tr><td>组员</td><td colspan="5"><table><tr><td>姓名</td><td>学号</td><td>姓名</td><td>学号</td></tr><tr><td></td><td></td><td></td><td></td></tr><tr><td></td><td></td><td></td><td></td></tr><tr><td></td><td></td><td></td><td></td></tr><tr><td></td><td></td><td></td><td></td></tr><tr><td></td><td></td><td></td><td></td></tr><tr><td></td><td></td><td></td><td></td></tr></table></td></tr>
<tr><td>任务分工</td><td colspan="5"></td></tr>
</table>

获取信息

引导问题1：锡槽中，玻璃表面层与接触介质之间为离子扩散和离子交换提供了怎样的条件？

____

____

____

____

____

小提示

硅酸盐玻璃是由以硅氧四面体为结构单元的高聚合阴离子骨架与单体阳离子结合而成的，这种阳离子通常为碱金属或碱土金属离子。它们与骨架之间的结合键呈现出较强的离子性，因而属于离子键，键的结合力是比较弱的。当在锡槽中玻璃的温度高于软化温度时，这种与骨架结合力较弱的阳离子处于活化状态。如果与接触相之间存在着同类离子的浓度差，便可能发生这些离子的扩散和交换。在接触的界面处，离子就要从浓度较高的相向浓度较低的相扩散（两个方向均有扩散，不过是扩散速度不同）。

引导问题2：锡槽中，玻璃带下表面与介质发生了哪些化学反应？亚锡离子怎样进入玻璃表面层？

____

____

____

____

____

小提示

由于玻璃上下表面所接触的介质不同，它们的离子交换反应有很大的差异。在下表面，锡液中的亚锡离子扩散进入玻璃表面层，玻璃表面层中的碱金属和碱土金属离子以氧化物形式进入锡液。反应式如下：

$$R^{2+}+SnO \longrightarrow RO+Sn^{2+} \tag{4-4-1}$$

$$2R^{+}+SnO \longrightarrow R_2O+Sn^{2+} \tag{4-4-2}$$

进入锡液的碱金属氧化物又会与锡槽耐火材料表面的二氧化硅反应，生成偏硅酸盐的玻璃体：

$$Na_2O+SiO_2 \longrightarrow Na_2SiO_3 \tag{4-4-3}$$

这种玻璃体称为“釉子”，它黏附在耐火材料表面，在1000℃左右它处于软化状态，在锡液中逐渐上浮并黏在玻璃带上而形成缺陷。所以锡槽耐火材料中的游离二氧化硅含量应严格控制。

在上表面，由于气氛中的亚锡离子浓度低，因此扩散进入玻璃表面层的亚锡离子是极少的，但气氛中的水会与玻璃发生如下反应，碱金属和碱土金属离子的损耗却不少，其主要反应是：

$$2R^{+}+H_2O \longrightarrow 2H^{+}+R_2O \tag{4-4-4}$$

$$R^{2+}+H_2O \longrightarrow 2H^{+}+RO \tag{4-4-5}$$

玻璃表面层中的碱金属和碱土金属离子释出，并以氧化物形式进入气氛，部分氢离子扩散进入玻璃，补偿由于碱金属和碱土金属离子释出所造成的电荷不平衡。因此，玻璃上表面的碱金属和碱土金属离子的损耗却不少。

通过对玻璃上下表面成分的分析，玻璃上下两个表面的成分存在以下区别：

（1）玻璃下表面亚锡离子的质量增加高于上表面，这主要是因为锡液的亚锡离子浓度高于气氛中的亚锡离子浓度，因此离子交换量较大。玻璃下表面锡氧化物的质量分数约为2%，渗透深度在10~30μm。上表面锡氧化物的质量分数约为0.1%。

（2）玻璃上下表面CaO、MgO、Na_2O的质量均减小，其中Ca^{2+}、Mg^{2+}质量的减少有两方面原因，一方面是二价金属阳离子与亚锡离子的交换反应引起的质量减少，另一方面由于CaO、MgO对玻璃表面张力的降低作用大于Na_2O，由于系统具有降低表面能的趋势，所以Ca^{2+}、Mg^{2+}向玻璃内部移动，使玻璃带的表面张力降低，因此造成表面CaO、MgO质量的减少。

（3）Na_2O的质量减少最多，主要因为Na_2O在高温下挥发，使表面层Na_2O质量降低，而且随着玻璃板厚度的增加，玻璃带在锡槽内停留的时间也增加，所以表面Na_2O质量的减少也增加。

产品出现缺陷是正常现象，但通过对缺陷的分析，预防同类现象的发生，达到零缺陷的质量控制目标。人无完人，犯错误不可怕，只要能够正确认识到自己的问题，及时改正。日有所学，月有所获，年有所成。每天进步一点点，就是迈向卓越的开始，不积跬步无以至千里，不积小流无以成江河，无一日不成长，无一日不精进，势必攀登人生的顶峰。

引导问题3：板上沾锡和板下沾锡有哪些特征？

引导问题4：针对沾锡缺陷有哪些控制措施？

一般情况下，玻璃不会沾锡。但是当锡槽中污染严重，锡液中氧化亚锡含量增高，侵入玻璃表面层中的亚锡离子浓度超过一定量时，玻璃下表面就会发生沾锡现象，造成废品。

沾锡即沾在玻璃表面的锡灰或锡，分为板上沾锡和板下沾锡。

板上沾锡呈连续或不连续线状，有时伴有锡灰印。板上沾锡的主要原因有：出口板上有移动锡球；出口挡帘有破损并沾有锡粒；拉边机压痕处可能有锡等。

板下沾锡呈点状、片状、线状，带状或波浪状的锡或锡氧化物，主要由于锡液被氧严重污染后，大量的氧化锡积聚在出口玻璃带下面的三角区内，并不断地黏附在玻璃带的下表面，特别是锡槽出口端玻璃带温度太高时更容易产生沾锡。

沾锡现象严重的，在浮法玻璃的下表面，可以用肉眼观察到金属锡，银白色、金属光泽，像镜子一样，也有呈“雾花”“斜条”状的沾锡。沾锡本身造成玻璃缺陷外，同时沾在玻璃上的锡损坏了提升辊或退火辊子的表面，进而又对玻璃产生表面缺陷。

主要解决方法如下：

确保出口端温度不要过高，锡槽出口温度较高或负压时，更易引起沾锡。这种沾锡通常是呈细粒的点状，严重时则呈片状。

确保在锡槽出口端良好的密封，尤其是挡帘（高度）和提升辊道处的密封。

设立扒渣箱，及时清除出口处的锡渣，保持出端锡液清洁。

保证玻璃板在离开锡槽时有足够的提升高度，提升高度太小会引起沾锡，太大有断板的危险。

引导问题 5：纯净的锡液与玻璃互不润湿，但玻璃表面的亚锡离子与锡有亲和力。做人也是如此，“近朱者赤，近墨者黑”，你怎样理解？

____

____

____

____

评价反馈

表 4-4-2　学习效果评价表

序号	评价项目	评分标准	分值	评价			综合得分
				自评	互评	师评	
1	沾锡成因	能分析沾锡形成的原因	25				
2	沾锡预防控制措施	能对玻璃表面沾锡进行预防并加以控制	25				
3	课程思政	不偏激，不走极端	20				
		正确认识自我	20				
		日日精进，不断进步	10				
合计			100				

拓展学习

4-4-1　PPT-锡缺陷分析与处理

4-4-2　Word-拓展练习题

4-4-3　Word-拓展练习题答案

4-4-4　Word-思政素材

扫码学习

学习任务4-5 气泡缺陷分析与处理

任务描述

气泡缺陷是浮法玻璃生产过程中最常见的缺陷之一。如何准确分析气泡成因，并正确处理气泡缺陷是浮法玻璃生产中经常遇到的质量问题。

学习目标

素质目标	知识目标	技能目标
1. 培养学生仔细观察、善于思考、精准判断的能力； 2. 培养学生终身学习的好习惯； 3. 培养学生坚韧的性格	1. 掌握各种成形气泡的特征； 2. 掌握气泡形成的原因及机理	1. 能够根据气泡缺陷特征分析原因并提出解决措施； 2. 能有效预防新建或冷修后的浮法玻璃生产线投产初期气泡

任务书

一条冷修后的浮法玻璃生产线投产初期，在正常生产工艺制度条件下，玻璃板下表面不断地出现玻璃板下开口泡，可明确判定为“锡槽气泡”。试分析锡槽气泡产生的原因并提出有效解决措施。

任务分组

表4-5-1 学生任务分配表

班级		组号		日期	
组长		指导教师			

续表

班级		组号		日期	
组员	姓名	学号	姓名	学号	
任务分工					

获取信息

引导问题 1：结合小提示并查找相关资料，试分析成形气泡形成机理。

____

____

____

____

小提示

玻璃的生产过程是一个复杂的物理化学反应过程。在这一过程中，配合料各组分之间，玻璃熔体与其他物质之间都要发生大量的物理化学变化，并伴随产生大量的气体物质。其中，熔化过程产生的气体绝大部分可以排出，或融入玻璃熔体内成为不可见气泡。但若由于某些原因（如温度变化等）而使少量气体未得到有效澄清或重新聚合，也可长大形成可见气泡。玻璃熔化后期或成形期，玻璃熔体和其他接触物质（如耐火材料等）在一定温度条件下也可形成可见气泡。这些可见气泡是影响玻璃质量的主要缺陷。通常，我们是依据气泡的大小加以区分，直径>0.5mm 的气泡在玻璃生产线上清晰可见，对玻璃质量的影响较大；而一些直径<0.5mm 的气泡在强光源下也可

清晰分辨，它们是判断熔化质量的重要参考指标。

引导问题 2：结合小提示并查找相关资料，试着根据气泡产生原因将气泡缺陷进行分类。

气泡的形成原因复杂，外观特征相似，因此在成因判断时，必须仔细观察气泡特征，多思考，才能准确判断气泡产生的原因。结合宋代理学家程颢“一字断案”的故事，启发学生在处理缺陷时你就是判官，能否准确判案，考查学生透过现象看本质的能力。

引导问题 3：结合小提示并查找相关资料，找出因耐火材料引起的气泡特征、原因及解决方法。

表 4-5-2　耐火材料气泡

气泡类型	气泡特征	产生原因	解决办法
唇砖气泡			
闸板气泡			
背衬砖气泡			

耐火材料引起的缺陷

1. 唇砖气泡

（1）外观特征

这种缺陷表现为很小的气泡，直径一般为 0.05～0.5mm，靠近玻璃板下表面。一般为沿玻璃拉引方向在板带中心呈线形或带状，但不会整板分布，如问题严重时，可横向布满整条玻璃带。有大有小，有的开口，有的闭口，在玻璃板横向位置相对固定，通过调整板宽和原板在锡槽中的位置后气泡带的位置一般不会变化，这些特征可判定为唇砖气泡。

（2）产生的原因

主要是唇砖耐火材料受到玻璃液的长期的持续的磨损和侵蚀所致，也可能是唇砖损坏、唇砖有裂缝所致。严重时通过扒开锡槽八字砖外侧边封可以看见唇砖相应位置的侵蚀。

（3）解决方法

降低拉引量，降低流道温度，可减轻气泡的危害但不能彻底根除，要全面解决必须更换唇砖，这需要一个准备的过程，可能要进一步影响质量几天。据经验，当熔窑运行到其寿命的70%~80%，即使没有明显的唇砖气泡，最好也要有计划地更换，以保证产品质量的稳定。

2. 闸板气泡

（1）外观特征

仅出现在玻璃上表面，气泡非常小，直径一般都在0.02~0.06mm，气泡周围的变形一般比气泡直径大3倍。可以在整个宽度上出现，或在一条或多条直线上。成带串状出现在玻璃带横向某个位置上。

（2）产生原因

主要原因是玻璃液和闸板反应造成的。闸板一般都是熔融石英质的，存在开口气孔结构。新闸板，没有彻底干燥，可以在换上去之后连续产生气泡达数小时。这种气泡通常都是先出现直径很大的气泡（0.25mm），待大气泡消失后，微气泡就会连续出现达8h之久。

在闸板用了相当时间之后，在某些条件下偶尔也会出现上表面微气泡，一般都是闸板材料被玻璃液侵蚀之故。

（3）解决方法

确保新闸板在使用之前彻底干燥；改善闸板锡槽侧的密封；增加0-Bay的保护气体量；增加0-Bay的保护气体中氢气的比例；升高锡槽的槽压；降低流道温度。

3. 背衬砖气泡

（1）外观特征

这种缺陷表现为玻璃板下表面的小开口泡，在板带中心部位附近，成线状或带状。

气泡直径一般都在 0.5mm 左右，并且气泡的直径与深度之比在 3∶1~4∶1。

（2）产生原因

主要是因为背衬砖回流区温度过低，或回流过缓过慢，于是产生滞留，滞留导致这种下表面开口小气泡的形成。

（3）解决方法

检查背衬砖区域的尺寸，确保玻璃液流不受限制，确保正确的背衬砖距离、回流距离和唇砖高度，确保背衬砖回流区密封良好，提高流道温度。

耐火材料在玻璃液长期作用下，受到侵蚀而形成耐火材料气泡，如此坚硬耐磨的耐火材料都能被玻璃液侵蚀，联想到“水滴石穿”的成语，引导学生学会积累，日日精进，养成终身学习的好习惯。

引导问题 4：结合小提示并查找相关资料，找出锡槽各种不同气泡特征、原因及解决方法。

表 4-5-3　锡槽成形气泡

气泡类型	气泡特征	产生原因	解决办法
保护气体泡			
“雾斑”／“雾点”			
氢气二次气泡			
污染物气泡			
杂质气泡			

1. 保护气体泡

（1）外观特征

这种气泡表现为大的底部开口泡，它可能出现在一条线或一条带上，也可能出现在整个板宽上。气泡直径与深度之比可以在 3∶1（热端）至 20∶1（冷端）之间变化。气泡直径一般大于 5~10mm，在输送辊道上很容易看到，而且常常还可以在锡槽里看到气泡冒出来。

（2）产生原因

这种气泡是底砖下或砖缝、螺栓孔里的保护气体被锡置换出来所致，一般也称热呼吸作用。渗入槽底砖的氢气，在槽底砖上下温差、压力出现大幅波动时，形成氢气泡，并穿过槽底砖装有石墨的锥形孔上升到锡液，在玻璃带下表面形成下开口泡。

（3）解决方法

确保整个槽底的冷却风量，保证槽底钢板温度在标准范围内，避免较大的温度波动，而且是有效和合适的；对于产生问题的区域，可以增加一些冷却风量，或设置必要的对应位置的水包加以冷却，能减少这种气泡的产生。还可以采用槽底打眼抽真空技术，效果较为明显。

2. 雾斑

（1）外观特征

出现于玻璃带下表面的微气泡群。

（2）主要原因

氢气的渗透性很强，它可以通过耐火材料的气孔渗透并与耐火材料外表面和钢壳之间的空间连通。当耐火材料表面微孔吸附的气体逐渐聚集到一定程度，在温度波动较大时，或氢气渗透的连通通路中的压力平衡遭到破坏时，吸附于底砖内的氢气释放而在玻璃板下表面形成微小开口泡而破坏玻璃表面。

（3）解决方法

槽底耐火材料性能对微小开口泡的形成影响很大，在槽底砖施工前，严格检测锡槽底砖的氢扩散性能，槽底耐火材料的氢扩散指标必须符合要求。经测试证明，不烧的浇注耐火材料，其氢扩散性指标远高于规定数值，而优质锡槽底砖的氢扩散指标完全符合要求。用这两种材料砌筑锡槽所生产的玻璃，在下表面的微小开口泡数量，前者比后者要大数十倍。所以选用符合质量要求的槽底耐火材料，对避免或减少微小开口泡是十分重要的。另外还可以采取减少保护气体中氢的百分比、槽内恒定的温度制度及增加锡液深度等措施。

锡槽内的含氧量过高也容易产生雾点泡。锡为液体时，氧在锡液中以 Sn_3O_4 的形式存在，含氧量越高，Sn_3O_4 在锡液中的溶解度越大。由于锡液的对流、温度波动等原因，低温区里含 Sn_3O_4 较高的锡液有可能进入高温区受热分解放出气体，这种气体破坏了熔融的玻璃带下表面，容易形成无数极小的开口气泡。锡槽内含氧量越少，上述反应越小。

综上所述，在生产过程中，应适当控制保护气体中的氢气用量，一般不大于 8%；增强锡槽槽底钢板的冷却风用量；加强锡槽密封；选用氢扩散指标符合要求的槽底耐火材料；减少含氧量；维持锡槽内恒定的温度制度。

3. 氢气二次气泡

（1）外观特征

紧贴上表面非常小的气泡，直径一般都在 0.02~0.06mm，气泡周围的变形一般比气泡直径大 3 倍，可以在一侧边部或两侧边部都有。

（2）产生原因

当锡槽高温区保护气体中的氢气量过多时，氢气在调节闸板周围流动，氢气会通过锡槽唇砖与吊墙砖的缝隙逸出，在调节闸板与唇砖间的玻璃液表面燃烧，使玻璃带表面温度局部升高，玻璃液内部溶解的气体重新析出而形成重沸泡，即氢气二次气泡。

（3）解决方法

确保闸板周围的良好密封，尽可能减少闸板区域保护气体中氢气的比例。

4. 污染物气泡

玻璃下表面开口小气泡，呈现线状或带状分布，在整个玻璃板宽度上都可出现。气泡直径与深度之比可以在 3∶1（热端）至 20∶1（冷端）之间变化，气泡直径一般在 0.5mm。主要是锡与滞留在砖缝中的氧化物反应所致，也可能是锡与暴露的螺柱或锡槽底壳反应所致。主要解决方法如下：

（1）确保锡槽在任何时候都能达到尽可能的干净，并确保合适的底壳冷却。

（2）如果这种气泡长时间不消失，则可以将底壳的温度升高一些，让锡更多地进入砖缝，加快与氧化物的反应速度。这样经过一段时间后，再回到正常的底壳温度时就可以把砖缝里剩余的氧化物冻结住。

（3）锡侵蚀底壳所产生的气泡可以通过增加底壳的冷却风来控制，增加冷却风可以使流到底壳和底砖之间的温度降低到锡的凝固温度之下。

（4）如果气泡是由于锡侵蚀螺柱而产生的，则很难控制，有可能需要重新安装底砖才能消失。

5. 杂质气泡

这里讨论的杂质气泡是指位于玻璃板上表面、直径大于 1cm 的较大气泡，在玻璃板的横向位置相对固定。熔窑热修掉入窑内的耐火材料、碎玻璃带入的杂质、原料中聚集的难熔矿物汇聚在闸板和流道侧壁处玻璃液面，流道处热电偶、电加热元件插入玻璃液，都会形成杂质气泡。处理该类缺陷是详细检查流道处玻璃液质量，用钩子钩出此处杂物，检查此处热电偶及电加热元件状况，同时要保证热修质量，保证使用符合质量要求的原料及碎玻璃。

任务实施

引导问题 5：投产初期产生锡槽气泡的原因有哪些？

____

____

____

____

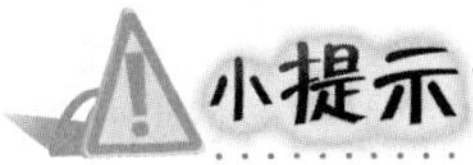

1. 锡槽槽底耐火材料

早期的锡槽槽底耐火材料用现场捣打的耐热混凝土，由于该槽底耐火材料水分多、厚度大，即使烘烤时间较长（一般在 30 天以上），耐热混凝土中的水分仍然无法全部排除，所以在投产后，当锡槽内温度变化时，耐热混凝土中残留水分不断地蒸发逸出，形成锡槽气泡。虽然锡槽槽底用烧结黏土砖，这一问题基本解决，但如果锡槽槽底砖的内在质量和外形尺寸及槽底封孔料和石墨材料的质量存在较大问题，则仍然有可能产生锡槽气泡。

2. **锡槽施工**

锡槽槽底耐火材料施工中，如果出现锡槽槽底砖预留胀缝过大，石墨粉捣打不实，锡槽底砖与槽底钢板间间隙过大（垫片太多）等问题，在加锡投产后，会出现锡槽槽底钢板局部温度过高，锡液不断地向槽底耐火材料的空隙中渗透，将空隙中的气体排挤出来，形成锡槽气泡。另外，如果在石墨粉和螺栓孔封孔料施工过程中，施工现场清洁不好，石墨粉和封孔料中混进铁屑、焊渣或有机物等杂质，或在砖缝中藏有此类杂物未能清理干净，那么在高温时，这些杂质自身或与其周围的物质发生缓慢的物理化学反应，不断地生成气体而形成锡槽气泡。

3. **锡槽烘烤**

锡槽烘烤过程中，如果锡槽槽底钢板温度太低，槽底砖和砖缝下部的易挥发性物质（诸如水分、油污、有机物杂质等）难以在短时间内完全排除，加锡投产后，当锡槽槽底温度升高时，这些易挥发性物质继续挥发而形成锡槽气泡。

4. **锡的质量**

浮法玻璃生产工艺设计要求用于锡槽的锡为加工纯锡，其化学成分应符合国家标准《锡锭》（GB/T 728—2020）规定的 Sn99. 90 的要求。由于加工纯锡中的杂质含量很低，高温下锡与其中所含杂质的混合物可按理想溶液考虑，则其杂质饱和蒸汽分压很低，不容易从高温锡液中快速蒸发。当锡液中杂质含量较高时，杂质物质的蒸汽分压很大，如果再考虑锡槽气氛中的氧及玻璃带中的硫与锡槽中的金属熔体发生物理化学作用，而使金属熔体蒸汽压增大，那么杂质物质就会从高温锡液中快速蒸发，造成玻璃板下开口泡。

另外，这些蒸汽压较高的物质在锡槽高温段快速蒸发进入玻璃带中，形成玻璃带下部气泡后，被玻璃带带到锡槽低温段又重新冷凝回到锡液中，在这种循环往复的情况下，由此而造成的锡槽气泡问题，需经历一定的时间，杂质蒸汽逐渐随保护气体排除到锡槽以外，这种锡槽气泡才会逐渐减少，然后慢慢消失。

引导问题 6：防止投产初期出现锡槽气泡的措施有哪些？

____

____

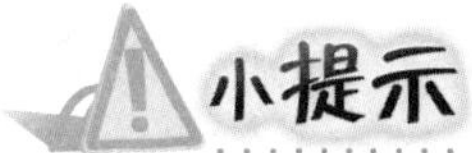

通过对浮法生产线投产初期出现锡槽气泡问题的分析，在锡槽设计、材料采购、施工安装以及烘烤投产过程中应注意以下几个方面：

（1）在锡槽设计过程中，对槽底砖预留胀缝的计算要力求依据可靠，计算准确。

（2）在槽底耐火材料采购过程中，要尽量选用质量可靠、使用经验较多的产品，并且对进入施工现场的各种槽底用耐火材料要进行严格检验。

（3）在锡槽施工过程中，槽底砖施工前，应由技术人员根据到货的锡槽槽底砖的实测膨胀系数对槽底砖预留膨胀缝进行校核和调整，施工人员应严格保证按设计要求施工，施工完后要仔细清理砖缝。另外，严格控制槽底砖石墨粉和封孔料施工时的现场清洁状况，不得将杂物混进石墨粉和封孔料中。

（4）在控制锡的纯度方面，对于新投产的生产线来说，应按国家标准《锡锭》（GB/T 728—2020）规定的要求采购“加工纯锡”作为锡槽用锡，并严格检测和控制进厂锡的化学成分；对于冷修的锡槽来说，在对复用的锡进行净化提纯过程中，应严格控制锡中易挥发杂质的含量。

（5）在锡槽烘烤升温过程中，应根据锡槽槽底耐火材料和锡槽安装施工的实际情况，调整锡槽烘烤升温制度，并采取相应措施，尽量使锡槽底部的易挥发物挥发完全。

（6）在浮法玻璃生产线投产引板前，需留出一定的锡槽保温时间，并根据锡槽升温情况和锡的质量情况确定锡槽保温温度和保温时间。

引导问题 7：“良好的开端是成功的一半”，结合上述对本案例的分析，写出案例分析报告。

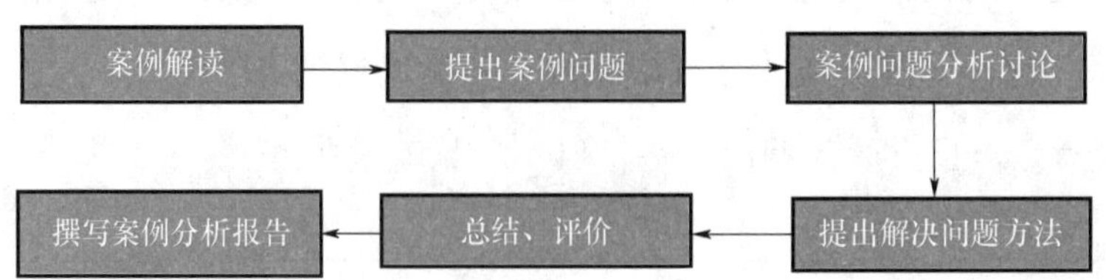

评价反馈

表 4-5-4　评价表

序号	评价项目	评分标准	分值	评价			综合得分
				自评	互评	师评	
1	气泡的类型和特征	能根据特征判别不同气泡	10				
2	气泡的成因	能根据气泡特征分析气泡的成因	20				
3	投产初期锡槽气泡分析	能分析投产初期锡槽气泡的成因，并提出有效预防措施	20				
4	课程思政	坚持终身学习的好习惯	10				
		仔细观察、善于思考	20				
		精准判断能力	10				
		坚韧不拔的精神	10				
合计			100				

拓展学习

4-5-1　Word-气泡缺陷种类

4-5-2　Word-思政素材

扫码学习

模块 5

浮法玻璃退火工艺控制

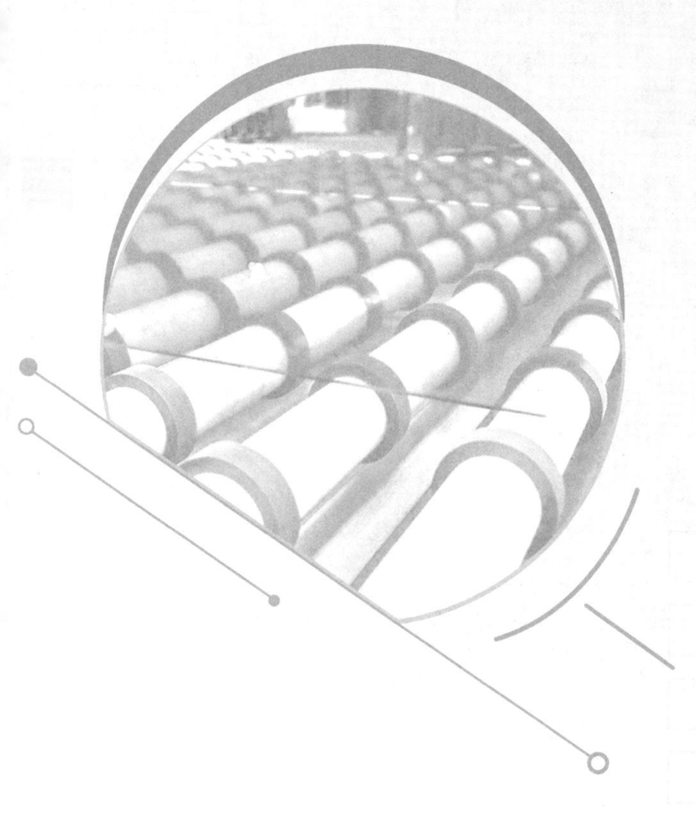

学 习 向 导

知识导读

浮法玻璃退火是三大热工工艺的最后一步，是否能顺利退火，是生产出优质的浮法玻璃极为关键的一步，否则将前功尽弃，企业将遭受巨大经济损失。因此，要充分了解浮法玻璃退火原理、热应力的相关概念，通过加热和冷却系统有效地控制永久应力和暂时应力，减少退火缺陷的产生，提高总成品率，提高经济效益。

内容简介

序号	任务名称	学习目标			建议学时
		素质目标	知识目标	技能目标	
1	退火热应力认知	1. 培养学生不畏惧困难的态度； 2. 培养学生养成终身学习的好习惯	1. 了解热应力的概念及分类； 2. 理解玻璃应变点和转变点； 3. 掌握端面应力和平面应力概念； 4. 掌握永久应力和暂时应力概念	1. 能够解释玻璃炸裂的原因； 2. 能够区分应变点和转变点； 3. 能够说明端面应力和平面应力的形成过程； 4. 能够说明永久应力和暂时应力的形成过程	2
2	退火应力控制	1. 培养学生踏实、认真、戒骄戒躁的学习态度； 2. 培养学生学会抓主要矛盾辩证分析问题的能力； 3. 培养能够学以致用，举一反三的能力	1. 掌握永久应力和暂时应力形成的条件； 2. 掌握热应力分布规律	1. 实际生产中能够正确判断永久应力和暂时应力； 2. 生产实际中，能有效控制永久应力和暂时应力	4

续表

序号	任务名称	学习目标			建议学时
		素质目标	知识目标	技能目标	
3	退火温度制度控制	1. 让学生认识到理论知识的重要性； 2. 让学生认识到实践的重要性； 3. 使学生理解理论与实践相结合的原则	1. 掌握浮法玻璃退火温度范围； 2. 掌握浮法玻璃退火的5个阶段； 3. 掌握退火窑分区； 4. 掌握退火窑横向、纵向和垂直向温度控制要求	1. 能够明确退火工艺目标； 2. 能明确退火窑各区的作用； 3. 能够合理控制退火窑各区以及横向、纵向、垂直向的退火温度	2
4	退火窑冷却系统控制	1. 培养学生乐于助人的精神； 2. 积极传递正能量	1. 掌握直接冷却和间接冷却概念； 2. 掌握退火窑各区的换热方式及冷却风的流向	1. 能结合生产情况，合理调整退火窑的加热和冷却系统； 2. 能说明各区换热方式和冷却风流向	4
5	退火质量影响因素分析	1. 培养具体问题具体分析的能力； 2. 培养学生遵守规章制度的职业素养； 3. 培养学生的创新意识和创新能力	1. 掌握不同成形方法对退火的影响； 2. 掌握横向温差对退火的影响； 3. 掌握上下表面温差对退火的影响	1. 能够根据不同成形方法正确处理退火问题； 2. 能正确解决上下表面温差对退火的影响问题； 3. 能够处理横向温差对退火的影响问题	2
学习成果		LO5：绘制退火工艺思维导图			

学习成果

为了提高对玻璃退火原理、热应力等概念的理解，能够将退火知识系统化，做到融会贯通，提升综合素质和能力，实现本模块的学习目标，特设计一个学习成果 LO5，请按时、高质量地完成。

一、完成学习成果 LO5 的基本要求

根据本模块所学知识将整个模块所涉及的知识点、技能点进行汇总，绘制完整的思维导图。

二、学习成果评价要求

评价按照：优秀（85 分以上）；合格（70~84 分）；不合格（小于 70 分）。

评价要求	等级			
	优秀	合格	不合格	得分
内容完整性 （总分 30 分）	完整齐全正确 >26	基本齐全 22~26	问题明显 <22	
条理性 （总分 30 分）	条理性强 >26	条理性较强 22~26	问题较多 <22	
书写 （总分 20 分）	工整整洁 >15	基本工整 13~15	潦草 <13	
按时完成 （总分 20 分）	按时完成 >15	延迟 2 日以内 13~15	延迟 2 日以上 <13	
总得分				

学习任务5-1　退火热应力认知

任务描述

日常生活中经常遇到这种情况：玻璃杯加上开水之后会炸裂。这究竟是什么原因造成的呢？玻璃是热的不良导体，在降温过程中，其内外层存在着温差。在退火过程中玻璃的内外降温速率不一，形成不均匀的热应力，这种力如果超过了玻璃的极限强度，就会自行破裂。要想防止玻璃退火过程中炸裂，就要了解热应力。

学习目标

素质目标	知识目标	技能目标
1. 培养学生不畏惧困难的态度； 2. 培养学生养成终身学习的好习惯	1. 了解热应力的概念及分类； 2. 理解玻璃应变点和转变点； 3. 掌握端面应力和平面应力概念； 4. 掌握永久应力和暂时应力概念	1. 能够解释玻璃炸裂的原因； 2. 能够区分应变点和转变点； 3. 能够说明端面应力和平面应力的形成过程； 4. 能够说明永久应力和暂时应力的形成过程

任务书

通过查阅资料、小提示等获取知识的途径，找出玻璃内部不均匀热应力产生的原因，在退火过程中，能够正确有效地控制这种热应力。

任务分组

表5-1-1　学生任务分配表

班级		组号		日期	
组长		指导教师			

续表

<table>
<tr><td>班级</td><td></td><td>组号</td><td></td><td>日期</td><td></td></tr>
<tr><td>组员</td><td colspan="5">
<table>
<tr><td>姓名</td><td>学号</td><td>姓名</td><td>学号</td></tr>
<tr><td></td><td></td><td></td><td></td></tr>
<tr><td></td><td></td><td></td><td></td></tr>
<tr><td></td><td></td><td></td><td></td></tr>
<tr><td></td><td></td><td></td><td></td></tr>
<tr><td></td><td></td><td></td><td></td></tr>
<tr><td></td><td></td><td></td><td></td></tr>
</table>
</td></tr>
<tr><td>任务分工</td><td colspan="5"></td></tr>
</table>

获取信息

引导问题1：从锡槽出来的600℃左右的玻璃带是直接暴露在空气中了吗？如果没有，玻璃带进入哪个设备？并说明为什么？

引导问题2：从原料到成品玻璃，玻璃的状态经历了哪些物态的变化？

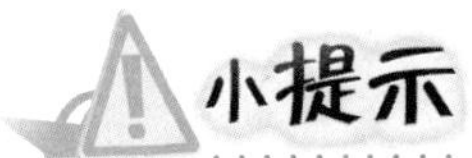

在玻璃生产及加工过程中，玻璃的黏度随温度的变化而变化。在不同的工作范围内确定了一些特别突出的温度参考点。

（1）应变点

应变点是指相应黏度为 $10^{13.6}$Pa・s 时的温度，也是玻璃内应力开始消失时的温度，以 T_s 表示。因此应变点是确定玻璃退火温度下限的依据。温度低于应变点时，玻璃处于弹性变形温度范围内，在应变点以下，玻璃为高弹性体。

（2）转变点

转变点是指相应黏度为 $10^{12.4}$Pa・s 时的温度，转变点又称为玻璃的转变温度，以 T_g 表示。在转变点，玻璃的结构发生一定程度的变化，致使玻璃的折射率、比热、热膨胀系数等发生变化，因此，转变点的存在是鉴别非晶态固体是否是“玻璃”的重要标志。在转变点，玻璃中的应力能迅速消除，因此，它是确定玻璃退火温度上限的依据。

（3）变形点

变形点是指对应于热膨胀曲线上的最高点，相应黏度为 10^{10} ~ 10^{11}Pa・s 时的温度，称为膨胀软化温度，以 T_f 表示。

（4）软化点

软化点是相应于黏度为 $10^{6.6}$Pa・s 时的温度，又称软化温度。它与玻璃的密度和表面张力有关。

（5）操作点

操作点是玻璃成形的上限温度，指准备成形操作的温度，其黏度为 10^2 ~ 10^3Pa・s。成形下限温度相当于成形时能保持制品形状的温度，成形的下限温度为软化温度，故实际操作黏度范围为 10^2 ~ $10^{6.6}$Pa・s。

（6）熔制温度

熔制温度是指玻璃熔制过程的最高温度，相应的黏度为 10Pa・s。在此温度下玻璃液能以一般要求的速度进行澄清和均化。

引导问题3：浮法玻璃中由于各部分之间存在温度梯度而产生的应力，称为热应力。热应力分为暂时应力和永久应力，暂时应力和永久应力的起因都是因为温差，两者形成的热历史有什么不同？

____

____

____

____

小提示

暂时应力是随温度梯度的存在而存在，随温度梯度消失而消失的热应力。当玻璃形成完全弹性体以后，降温速率不同所引起玻璃带不同部位体积冷却收缩量不同，是暂时应力产生的成因。暂时应力只存在于弹性变形温度范围中的玻璃内，即在玻璃应变温度以下存在温度梯度才能产生。暂时应力的大小取决于玻璃内的温度梯度和玻璃的膨胀系数。

永久应力是在玻璃的状态转化过程中形成的，即是由可塑性状态向弹性状态转化，因转化进度不同步，存在时间上的差异。差异越大其形成的应力值也越大。玻璃的状态转化过程起始于弹性体初态起点，结束于完全弹性体的末点。永久应力是当高温玻璃经过退火后冷却至常温并达到温度均衡后，仍存在于玻璃中的热应力，也称为残余应力或内应力。

通过暂时应力和永久应力概念的学习，引申到困难是暂时的，只有通过坚持长期的学习，才能解决一切困难。引导学生不怕困难，坚持终身学习的好习惯。

引导问题4：浮法玻璃在退火过程中不可避免地会出现温度梯度，依据温度梯度的方向热应力分为哪两类？在线应力仪测出的是哪一种？

____

____

____

____

1. 平面应力

浮法玻璃在退火过程中不可避免地会出现温度梯度，根据温度梯度的方向，玻璃板厚度方向的温度差产生的应力称为端面应力（厚度应力），玻璃板表面温度（特别是横向温度）不均而形成的应力称为平面应力（区域应力），平面应力通常远远大于端面应力，平面应力的破坏性远远大于端面应力。

平面应力是由横向温度不均引起，分为平面永久应力（图 5-1-1）和平面暂时应力（图 5-1-2）。各种在线应力仪测出的就是这种应力，其大小与长度无关，与玻璃带绝对降温速度无关，只取决于玻璃板横向温度分布。平面应力对玻璃带掰断、掰边影响很大。掰断去边之后，平面应力大部分消失，对玻璃进一步加工影响很小。对厚玻璃而言，平面应力引起的问题主要是缺角、劈边以及白渣等。

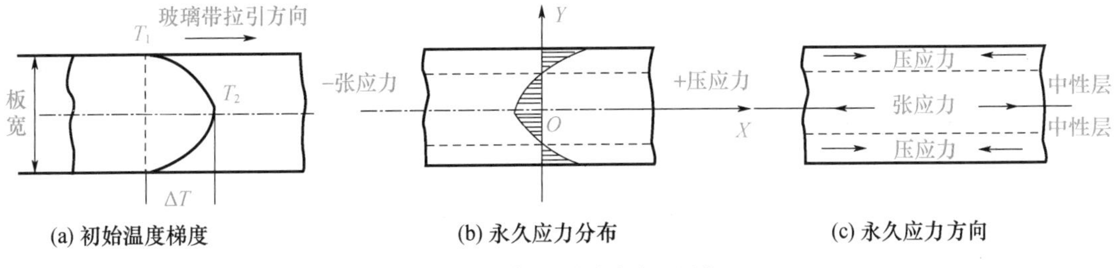

T_1—玻璃板外表面温度；T_2—玻璃板厚度方向中心温度；ΔT—T_2-T_1。

图 5-1-1 玻璃板平面永久应力分布示意图

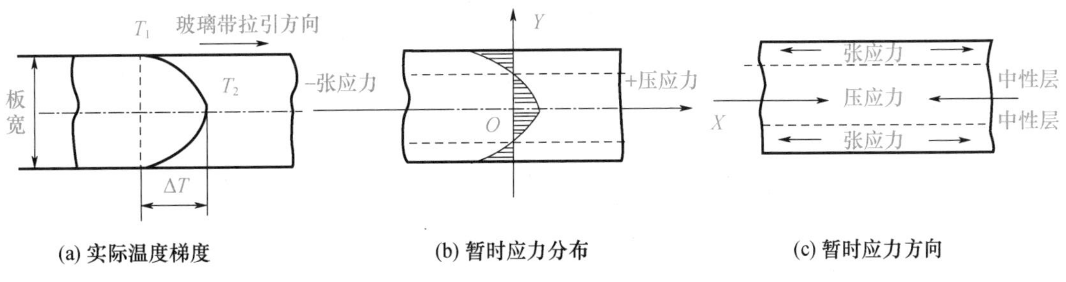

图 5-1-2 玻璃板平面暂时应力分布示意图

2. 端面应力

端面应力是玻璃表面与板芯在冷却时所产生的温度差所引起。它由退火窑长度所决定，在长度一定时，各区的进出口温度即冷却速度直接决定了应力的大小。端面应力不但对玻璃一次生产有影响，而且对后续深加工也有很大影响，它应该是玻璃产品出厂质量的一项重要指标。厚度应力对厚玻璃生产的影响主要是糖状物，对深加工的影响主要有不易切割、钢化炸炉。在线应力仪是测不出厚度应力的。图 5-1-3 所示为端面暂时应力分布，图 5-1-4 所示为端面永久应力分布。

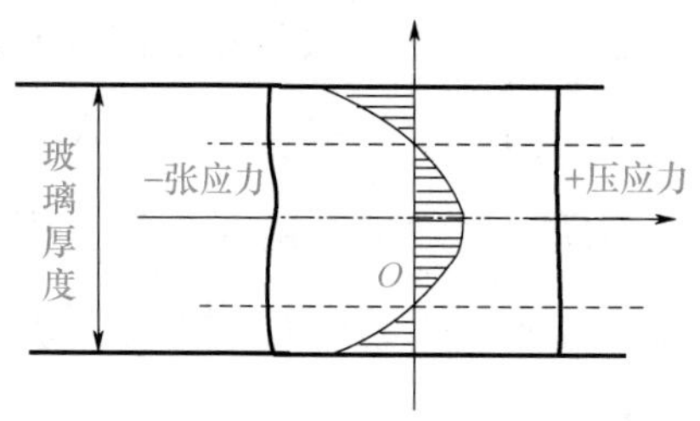

图 5-1-3　端面暂时应力分布

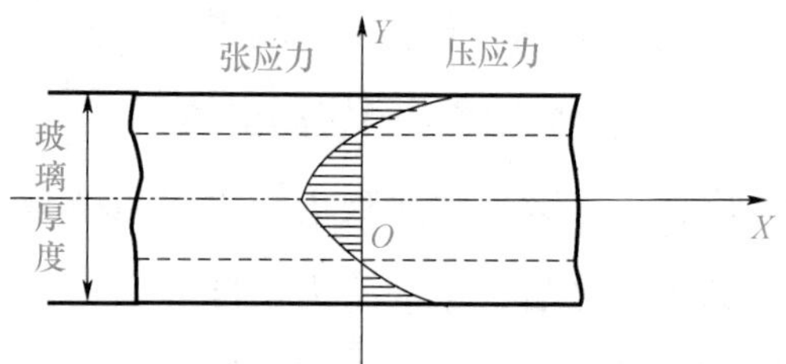

图 5-1-4　端面永久应力分布

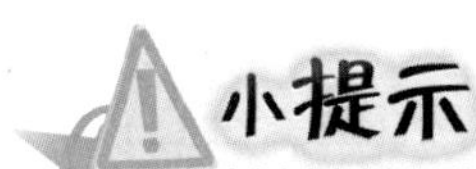

引导问题 5：热应力有什么危害？如何消除热应力的危害？

引导问题 6：浮法玻璃退火窑分哪几个区？玻璃带在退火过程中经历了哪几个阶段？

评价反馈

表 5-1-2　评价表

序号	评价项目	评分标准	分值	评价			综合得分
				自评	互评	师评	
1	热应力概念	能通过玻璃炸裂现象解释热应力的存在	10				
2	重要温度参考点	能理解并区分应变点和转变点	10				
3	永久应力和暂时应力	能说明永久应力和暂时应力的形成过程	20				
4	端面应力和平面应力	能说明端面应力和平面应力的形成过程	10				
5	课程思政	不畏惧困难	25				
		坚持终身学习	25				
合计			100				

拓展学习

5-1-1　微课-退火目的

5-1-2　微课-玻璃的热应力

5-1-3　Word-玻璃热应力练习题

5-1-4　Word-玻璃热应力练习题答案

5-1-5　Word-退火应力控制思政素材

扫码学习

学习任务5-2　退火应力控制

任务描述

浮法玻璃在生产过程中产生热应力是必然的，要使玻璃带的应力合理分布，只能通过温度控制，使应力分布趋于合理化，即应力控制效应。如果玻璃内应力超过了玻璃的极限强度，就会自行破裂。那么在退火过程中，应该如何正确有效地控制热应力呢？

学习目标

素质目标	知识目标	技能目标
1. 培养学生踏实、认真、戒骄戒躁的学习态度； 2. 培养学生学会抓主要矛盾辩证分析问题的能力； 3. 培养能够学以致用，举一反三的能力	1. 掌握永久应力和暂时应力形成的条件； 2. 掌握热应力分布规律	1. 实际生产中能够正确判断永久应力和暂时应力； 2. 生产实际中，能有效控制永久应力和暂时应力

任务书

通过查阅资料、小提示等获取知识的途径，找出玻璃永久应力和暂时应力的控制措施。

任务分组

表 5-2-1　学生任务分配表

<table>
<tr><td>班级</td><td></td><td>组号</td><td></td><td>日期</td><td></td></tr>
<tr><td>组长</td><td></td><td>指导教师</td><td colspan="3"></td></tr>
<tr><td>组员</td><td colspan="5"><table><tr><td>姓名</td><td>学号</td><td>姓名</td><td>学号</td></tr><tr><td></td><td></td><td></td><td></td></tr><tr><td></td><td></td><td></td><td></td></tr><tr><td></td><td></td><td></td><td></td></tr><tr><td></td><td></td><td></td><td></td></tr><tr><td></td><td></td><td></td><td></td></tr><tr><td></td><td></td><td></td><td></td></tr></table></td></tr>
<tr><td>任务分工</td><td colspan="5"></td></tr>
</table>

获取信息

引导问题 1：浮法玻璃永久应力和暂时应力分别在玻璃的哪种物态形成？温度区间分别是多少？

____

____

____

____

引导问题 2：结合图 5-2-1，试分析厚玻璃、薄玻璃在退火窑 B 区横向上的应力分布情况？

____

____

____

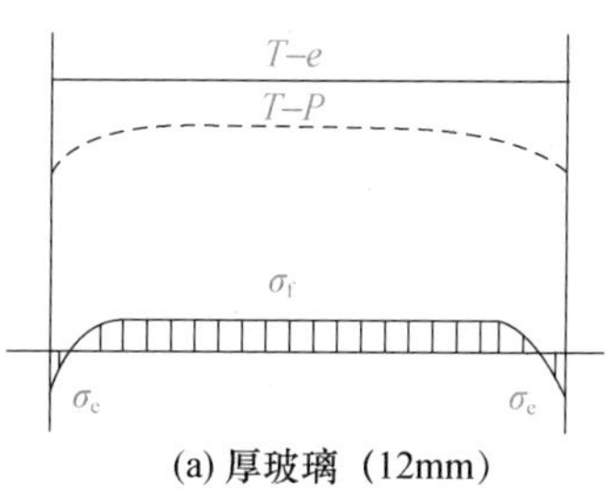

(a) 厚玻璃（12mm）

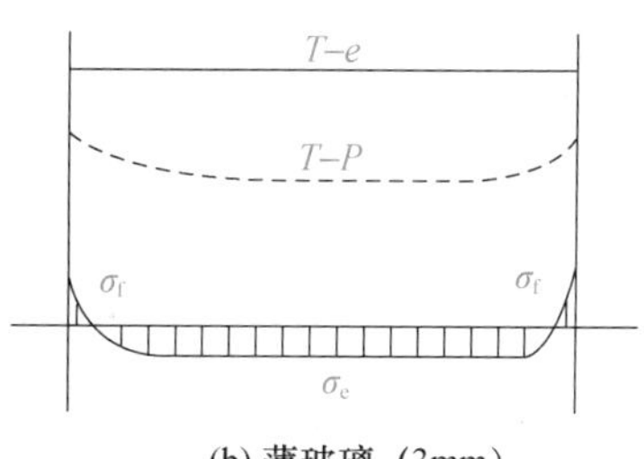

(b) 薄玻璃（3mm）

T–e—热电偶测得温度值，℃；
T–P—玻璃带实际温度，℃；
σ_f—张应力；
σ_e—压应力。

图 5-2-1　B 区永久应力分布图

引导问题 3：图 5-2-2 中所示的薄玻璃、厚玻璃控制横向永久应力分布状态，在生产中，为解决玻璃带边部厚度差和换热因素的影响，对不同厚度玻璃带的退火，边部该采取怎样的补偿性调节？

____

____

____

____

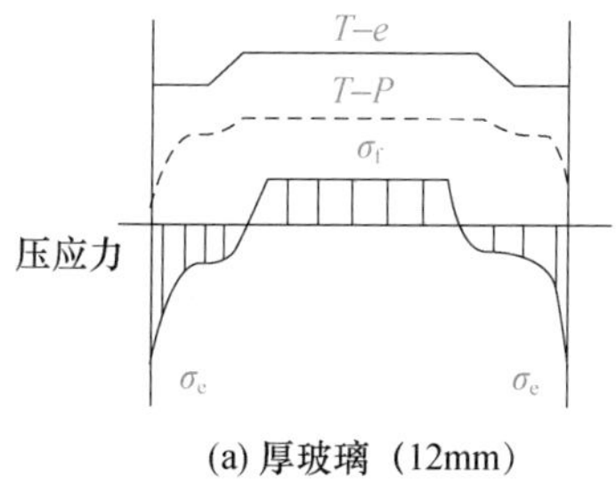

(a) 厚玻璃（12mm）

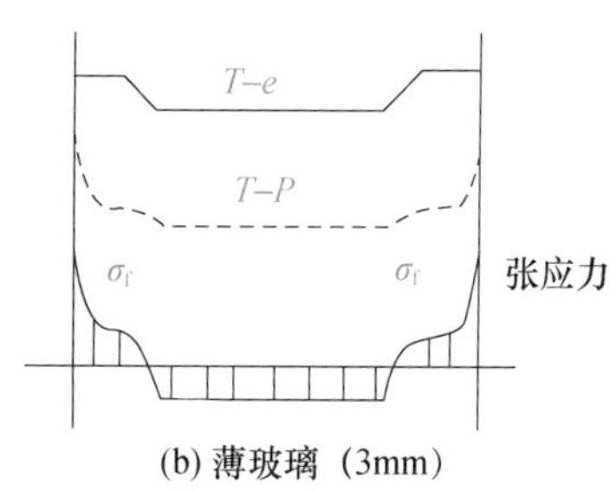

(b) 薄玻璃（3mm）

图 5-2-2　玻璃横向永久应力分布图

引导问题 4：图 5-2-3 中所示退火时，假如把横向应力分布调节成 M 形或 W 形分布，这种做法是否正确？如果不正确，请说明原因。

____

____

____

____

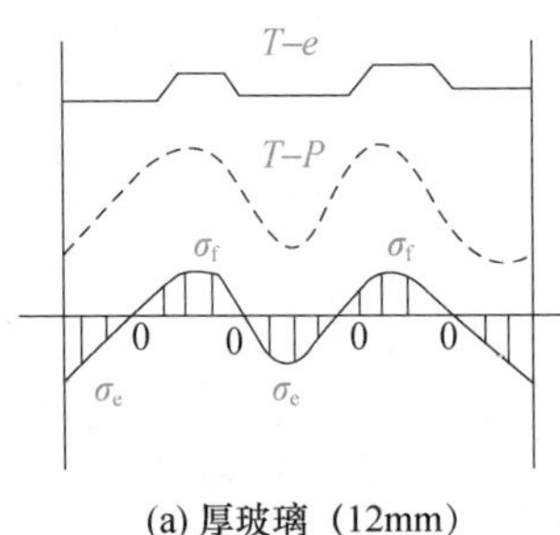

(a) 厚玻璃（12mm）

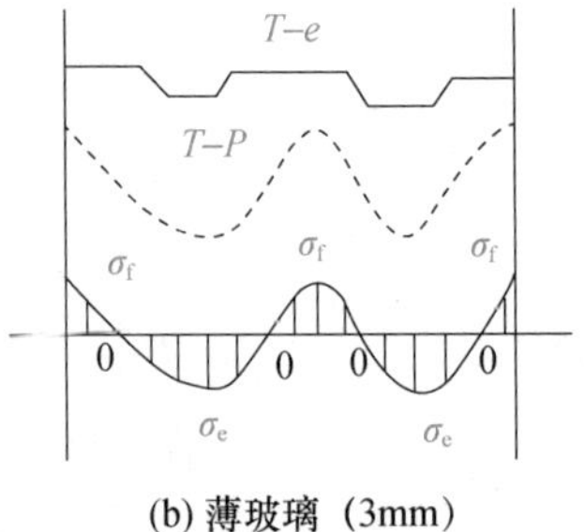

(b) 薄玻璃（3mm）

图 5-2-3　A、B 区玻璃横向永久应力分布图

引导问题 5：在生产中，为解决玻璃带边部厚度差和换热因素的影响，对不同厚度玻璃带的退火，边部必须采取补偿性调节，如图 5-2-4 所示。试分析如此调整的原因。

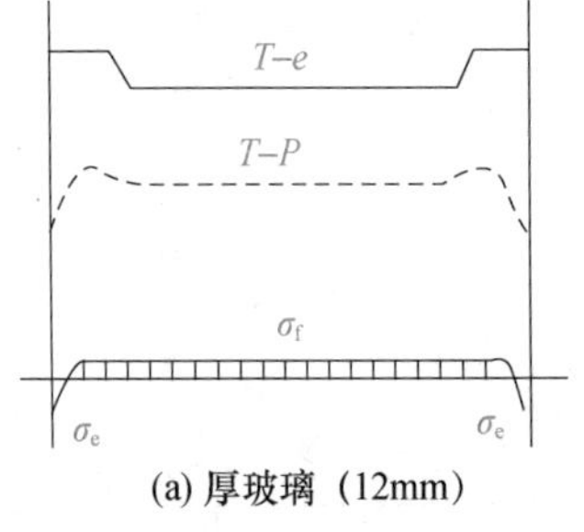

(a) 厚玻璃（12mm）

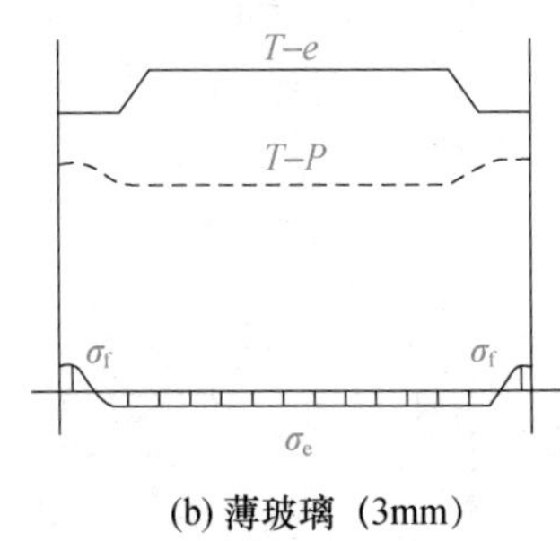

(b) 薄玻璃（3mm）

图 5-2-4　A、B 区玻璃横向永久应力分布图

引导问题 6：图 5-2-5 所示为 5mm 玻璃带横向应力分布图。试分析玻璃带在退火窑中的位置发生了什么样的变化，才导致横向应力发生如图 5-2-5 所示的变化。

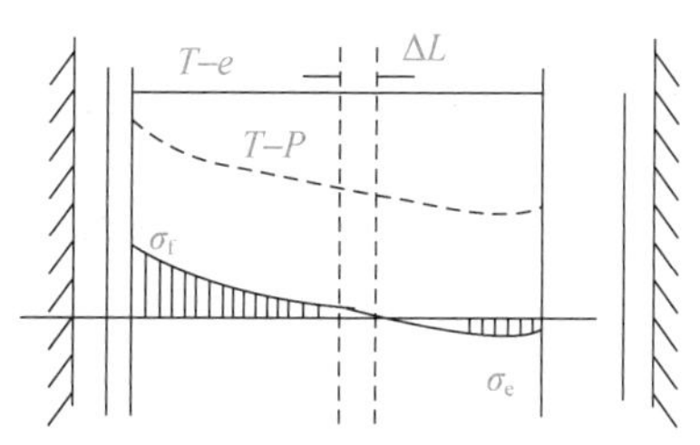

图 5-2-5　5mm 玻璃横向应力分布图

引导问题 7：图 5-2-6 所示为薄玻璃横向暂时应力分布和图 5-2-7 所示为厚玻璃横向暂时应力分布，A–A 为玻璃带出 C 区所具有的横向永久应力分布状态，B–B 为暂时应力控制状态，C–C 为永久张应力和暂时压应力矢量合量而产生新的状态的综合应力分布。试分析薄玻璃和厚玻璃分别采用提高边部温度和降低边部温度的原因。

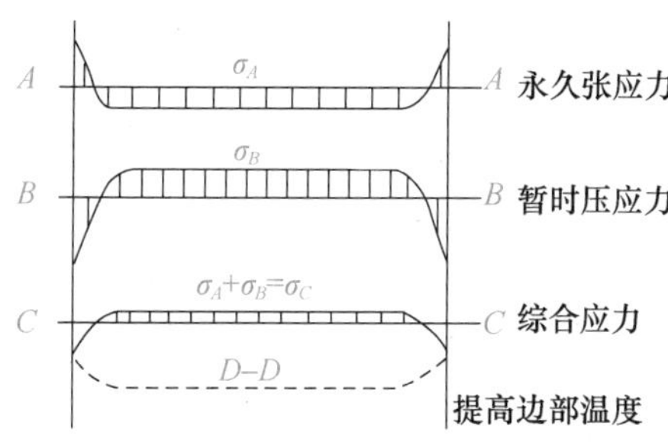

图 5-2-6　薄玻璃横向暂时应力分布图

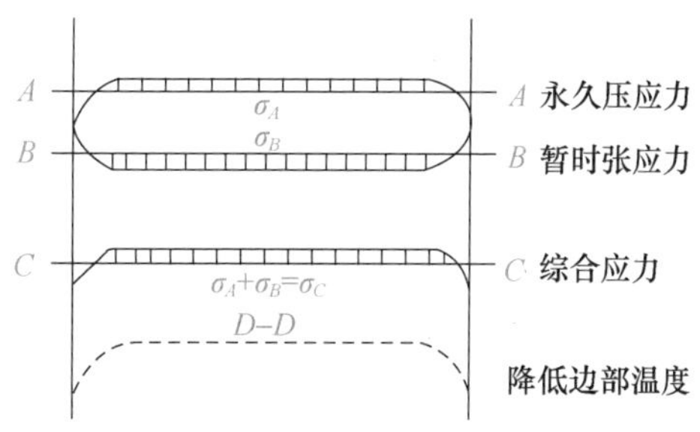

图 5-2-7　厚玻璃横向暂时应力分布图

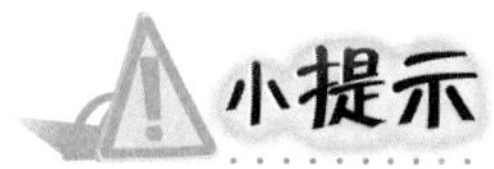

薄玻璃带出 C 区所具有的永久应力分布状态如图 5-2-6 中 A–A 横向应力分布线，边部存在微量的张应力，中间均衡受压。根据永久应力的分布状态，如果暂时应力调节继续使边部增加张应力，玻璃带边部就会炸裂。所以，暂时应力控制必须按图 5-2-6 中 B–B 线状态进行调整，以暂时压应力在边部分布而产生新的如图 5-2-6 中

C–*C* 线所示状态的综合应力分布。即是在退火操作中，生产薄玻璃边部要调“松边”的道理。要使玻璃带边部形成压应力，横向温度分部如图 5-2-6 中 *D*–*D* 线所示，边部温度必须要高于中间。

如图 5-2-7 所示，为厚玻璃所需求的控制状态。玻璃带出 C 区，边部存在微量压应力，中间均衡受拉，所以厚玻璃退火过程的暂时应力横向分布控制与薄玻璃相比较，在方向上是相反的。在边部必须用暂时张应力来平衡已形成的永久压应力，则形成如图 5-2-7 中 *C*–*C* 线所示综合应力状态。玻璃带的实际温度分布边部偏低，如图 5-2-7 中 *D*–*D* 线所示。

引导问题 8：分别说出图 5-2-8（a）和（b）中玻璃垂直应力分布状态的原因。

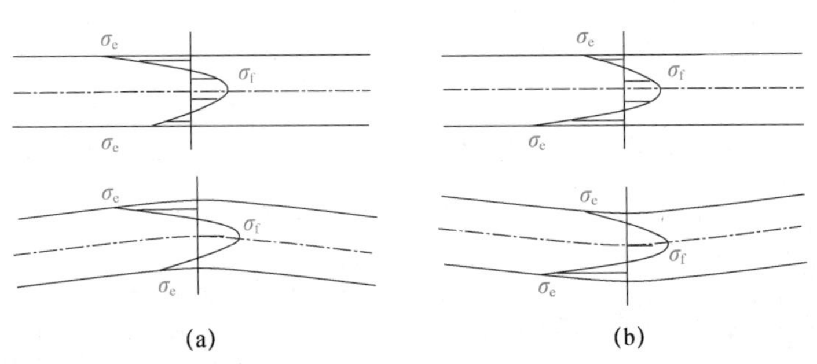

图 5-2-8 玻璃垂直向应力分布图

垂直向应力效应

重要退火区（B 区）长度是以垂直向（厚度方向）永久应力的计算值确定的设计参数。浮法玻璃厚度方向永久应力始终是不均衡的分布状态，即表面受压，中间受拉。如果退火过程中，板上、板下降温速率是均衡的，垂直向所形成的永久应力分布也是均衡的。但这种情况实际是不可能的，总要存在一定的差异。当板下温度高于板上温度时，板下压应力就会小于板上压应力，内应力的聚集作用使玻璃带的下表面受拉，玻璃板面形成一种上弯力。上弯后，板上、板下应力得到新的平衡。反之，板上温度高于板下温度时，玻璃带下弯受力。下弯后获得板上、板下新的应力平衡，此种状态对切裁是极为不利的，严重时可使玻璃造成弯曲变形。

垂直向应力效应控制，不能单纯以板上、板下测温均衡作为唯一控制依据。在应力效应控制过程中，必须考虑直接影响板下降温速率的不利因素。

（1）辊道金属导热使玻璃下表面降温速率高，拉引速度越慢影响越重。

（2）板下与板上比较，换热形成气流不同。板下受辊道影响，接近板下可构成涡流状态，而且受辊道辐射作用使热电偶显示易偏高于板上。

（3）板下加热不均衡，造成局部过热。

所以，衡量玻璃垂直向永久应力效应的正确，必须是在常温下，通过对玻璃的横向弯曲量测定来认定，可根据其已形成的弯曲量差值进行板下温度调整。

垂直向的永久应力控制调整，必须是以板上为主，板下只允许根据应力分布状态随板上控制状态进行调整。

学习永久应力的热历史时，明确永久应力的产生主要区域在B区。解决永久应力问题主要在该区域采取措施。借助《吕氏春秋·尽数》："扬汤止沸，沸愈不止，去火则止矣。"解决问题抓根本，扬汤止沸，只能是治标不治本。学会抓主要矛盾，抓问题的关键，才能有效地解决问题。

评价反馈

表 5-2-2　评价表

序号	评价项目	评分标准	分值	评价			综合得分
				自评	互评	师评	
1	应力效应规律	能够区分永久应力和暂时应力形成的条件	10				
2	永久应力控制措施	能有效控制永久应力	20				
3	暂时应力调整措施	能结合永久应力正确调整暂时应力	20				

续表

序号	评价项目	评分标准	分值	评价			综合得分
				自评	互评	师评	
4	课程思政	踏实认真的态度	20				
		学以致用，举一反三的能力	10				
		能够抓住问题的关键，辩证分析问题的能力	20				
合计			100				

拓展学习

5-2-1　微课-永久应力控制

5-2-2　微课-暂时应力控制

5-2-3　Word-思政素材

扫码学习

学习任务5-3 退火温度制度控制

任务描述

新建500t/d浮法玻璃生产线退火窑总长105m，分为A区、B区、C区、RET_1区、RET_2区、F_1区、F_2区、F_3区，采用CNUD退火工艺。引板作业前要确定退火工艺制度，根据所学专业知识，收集相关信息，能够对退火窑各区以及横向、纵向、垂直向进行合理的退火温度控制。

学习目标

素质目标	知识目标	技能目标
1. 让学生认识到理论知识的重要性； 2. 让学生认识到实践的重要性； 3. 使学生理解理论与实践相结合的原则	1. 掌握浮法玻璃退火温度范围； 2. 掌握浮法玻璃退火的5个阶段； 3. 掌握退火窑分区； 4. 掌握退火窑横向、纵向和垂直向温度控制要求	1. 能够明确退火工艺目标； 2. 能明确退火窑各区的作用； 3. 能够合理控制退火窑各区以及横向、纵向、垂直向的退火温度

任务书

完成500t/d新建浮法玻璃生产线退火窑（图5-3-1）温度制度的制定工作。

图5-3-1 浮法玻璃退火窑外观图

表 5-3-1　学生任务分配表

<table>
<tr><td>班级</td><td></td><td>组号</td><td></td><td>日期</td><td></td></tr>
<tr><td>组长</td><td></td><td>指导教师</td><td colspan="3"></td></tr>
<tr><td>组员</td><td colspan="5">
<table>
<tr><td>姓名</td><td>学号</td><td>姓名</td><td>学号</td></tr>
<tr><td></td><td></td><td></td><td></td></tr>
<tr><td></td><td></td><td></td><td></td></tr>
<tr><td></td><td></td><td></td><td></td></tr>
<tr><td></td><td></td><td></td><td></td></tr>
<tr><td></td><td></td><td></td><td></td></tr>
<tr><td></td><td></td><td></td><td></td></tr>
</table>
</td></tr>
<tr><td>任务分工</td><td colspan="5"></td></tr>
</table>

工作计划

引导问题 1：什么是退火温度范围？浮法玻璃退火温度范围是多少？

____

____

____

____

小提示

玻璃在锡槽成形后离开锡槽的温度约为 600℃，玻璃板能被冷端接受的温度约为 70℃，在这个温度区间，玻璃经历了从塑性体到弹性体的变化过程，这种变化的转折点大约在 480℃。在高于 480℃时玻璃通过变形吸收温度差形成永久应力，在低于 480℃时，到玻璃温度达到室温时，暂时应力也随之消失。

退火上限温度和退火下限温度之间的温度称为退火温度范围（退火区域）。玻璃的退火温度范围随化学组成不同而不同，一般规定能在 15min 内消除其全部应力或 3min 内消除 95%内应力的温度，称为退火上限温度，此时的黏度为 $10^{12.4}$Pa · s 左右，相当于玻璃的转变温度；如果在 16h 内才能全部消除或 3min 内仅消除 5%应力的温度称为退火下限温度，相当于应变点温度，此时的黏度为 $10^{13.6}$Pa · s 左右。

浮法玻璃退火温度的范围一般介于 50~100℃，这是因为它与玻璃本身的特性有关。根据理论计算和生产实践经验，浮法玻璃的最高退火温度为 570~590℃，最低退火温度为 450~480℃。

引导问题 2：根据退火工艺要求，浮法玻璃退火分为哪几个阶段？

浮法玻璃退火的 5 个阶段：

（1）加热均热段。A 区，其温度范围为 600~550℃。其作用就是将玻璃带的温度调整均匀并降低到退火的上限温度。

（2）重要冷却段。B 区，其温度范围为 550~480℃。玻璃带在 B 区完成弹性体转化全过程。从弹性体初态随温度的均匀降低，转化到完全弹性体。B 区是玻璃带永久应力的形成区，也是永久应力重要控制区。

（3）缓慢冷却段。C 区，温度范围为 480~380℃。C 区控制暂时应力，冷却速度不能过快。玻璃带进入 C 区后，通过缓慢冷却过程进一步稳定 B 区的退火效果。

（4）快速冷却段。D 区（或 RET 区），温度范围为 380~230℃。当玻璃达到 380℃以后，玻璃不能用冷风直接喷吹，需要用热风（STEIN 公司风温 150~200℃，CNUD 公司风温为 100℃）直接向板面上吹，当板温降至 270~280℃以后就可以用室温风冷却。

（5）急速冷却段。F 区，其温度范围为 230~70℃。玻璃带经过热风直接冷却，使玻璃表面温度降到 230℃以下。板面关键是横向温差要均匀，不能大于 3~4℃。

引导问题 3：根据退火工艺要求，浮法玻璃退火窑分为哪几个区？

小提示

目前，有两种类型的退火窑，即 STEIN 退火窑和 CNUD 退火窑。二者都分为 5 个工艺分区，CNUD 退火窑分为 A 区、B 区、C 区、RET 区和 F 区，B 区是冷风顺流的冷却方式。STEIN 退火窑分为 A 区、B 区、C 区、D 区和 F 区，B 区采用热风循环方式进行冷却。

引导问题 4：退火工艺的目标有哪些？

____

____

____

____

小提示

浮法玻璃生产由于产量高，拉引速度快，玻璃带幅面宽，厚度范围大，和其他玻璃生产相比，退火难度高。相应生产线配置的退火窑规模也大，结构复杂，必须具备现代化控制水平，才能满足退火工艺要求。图 5-3-2 所示为退火窑外观图，退火的工艺目标如下：

（1）有效控制因玻璃状态转化过程中永久应力的形成并限制在允许范围内；

（2）合理控制暂时应力，使玻璃在退火过程中稳定运行；

（3）形成均匀的综合内应力，有利于切裁过程；

（4）玻璃带出退火窑温度为 70~55℃。

(a) 退火窑局部外观

(b) 退火窑出口

图 5-3-2　退火窑外观图

引导问题 5：请查阅资料，搜集玻璃生产企业浮法玻璃退火窑各区的温度控制范围。按照表 5-3-2 的内容，填写表 5-3-3。

表 5-3-2　某企业一线退火窑长度及温度控制范围

分区	A 区	B 区	C 区	D 区	RET 区	E 区	F 区	总长
温度/℃	595~550	550~480	480~380	不设定	380~220	不设定	220~70	
长度/m	12	30	24	2.4	15	1.8	21	106.2

表 5-3-3　企业退火窑长度及温度控制范围

分区								总长
温度/℃								
长度/m								

引导问题 6：浮法玻璃退火纵向温度如何控制？

退火窑纵向温度制度

退火窑纵向温度制度就是按照退火温度曲线进行控制。

A 区：预退火区，控制标准要求，一要均热性高，二要准确。

B 区：重要冷却区，由玻璃的内在性质，从塑性体向弹性体的转化特性所决定。弹性体初态到完全达到弹性体，决定了 B 区的温度控制范围。

C 区：缓慢冷却区，出口温度根据玻璃带厚度方向的退火要求，保证合理降温速率的要求而确定。其降温速率应控在 6~8℃/m 范围内。

D 区：快速冷却区，温度控制指标的设定，是根据玻璃实体降温速率确立的。

F 区：强制冷却区，温度控制范围为 55~70℃。过低过高均不利于以后的切裁工艺过程。

引导问题7：浮法玻璃退火横向温度如何控制？

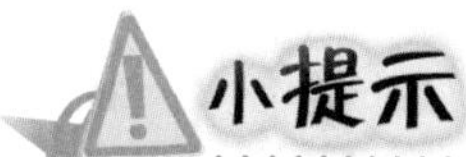

退火窑横向温度制度

B区：以玻璃实体达到均热为目标，通常横向上温度设置两边稍低于中部，形成“哭脸”状态。

C区：仍以均热为目标，边部温度适当提高，形成“笑脸”状态。

D区、F区：以暂时应力控制效应设定控制方案，根据成形厚度不同以及在A区、B区、C区已形成的永久应力状态，合理地调节横向温度分布，达到玻璃带平稳运行并要有利切裁。

引导问题8：浮法玻璃退火垂直向温度如何控制？

玻璃的退火操作实践性很强，除了掌握好玻璃退火原理等相关知识外，还要重视实践。引申到中国革命实践证明离不开马克思主义做理论指导，还要结合中国具体实际，才能成功。引导学生必须理论与实践相结合，才能做好工作。只有经过严格认真的实践锻炼，才能做到得心应手、熟能生巧。

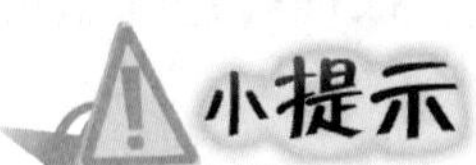

退火窑垂直向温度制度

A区、B区和C区：要求以板上为主，板下温度控制按应力形成的实际效应做相

应调节，不单纯以温度相等做唯一控制目标。A 区、B 区、C 区板上、板下温度是否正确，主要看玻璃带横向弯曲量。在实际控制中 A 区、B 区、C 区板下温度微高于板上，有利于切裁控制调节。

D 区和 F 区：以适应切裁进行调整。

进行决策

退火窑温度制度的设计应依据相应的设计原则，生产实践的探索及退火理论的完善，逐渐确立了先进的退火温度制度设计原则。

引导问题 9：退火温度制度的设计要遵循哪些原则？

退火温度制度的建立，一般须遵循以下几个原则：

（1）以密实性原理为准则，玻璃带边部密度要略高于中部，即玻璃带在 A 区、B 区边部温度略低于中部，C 区出口、D 区、RET 区、F 区边部温度略高于中部，玻璃下部空间温度略高于上部空间温度，使玻璃既具有好的平整度又具备良好的切割性能。

（2）视 A 区为重要退火区，严格控制 A 区入口温度及横向温差，A 区宜采用冷风顺流方式。

（3）根据退火窑设计，确定科学的各区降温梯度，以 A 区降温速度为参考基准时，A 区、B 区降温速度相当，C 区要小于或等于 2~2.5 倍 A 区的降温速度，RET 区要小于或等于 2.5~3 倍 A 区的降温速度，F 区要小于或等于 2~2.5 倍 A 区的降温速度，而 F 区和 RET 区的降温梯度相当。

（4）不同厚度浮法玻璃的板芯永久应力符合标准要求，杜绝各类退火缺陷。

工作实施

引导问题 10：退火实践告诉我们在退火温度制度设计时需要注意哪些事项？

____

____

____

____

小提示

生产实践表明，退火温度制度设计时要注意以下几个方面：

（1）拉引量的影响。拉引量越大，退火越困难，故生产薄玻璃或厚玻璃时需降低拉引量。

（2）玻璃厚度影响。玻璃越厚，退火越困难，甚至玻璃的薄厚差都会影响玻璃的退火。

（3）退火区长度影响。越长越有利退火，但受设计影响无法变更长度时，只能靠温度制度的变更来变相延长玻璃退火区长度。此时要注意不能导致其他退火区负荷过大。

（4）锡槽出口温度的影响。要严格控制波动范围在 1~2℃，这有利于退火温度的稳定。正常生产时影响出口温度的关键是板宽和板厚的控制，尤其不能板摆、板偏。

（5）退火窑的保温直接影响玻璃的退火质量。一般要求壳体外表温度要小于 60℃。否则，玻璃生产将会遇到较大困难，尤其是厚板。

（6）设计因素影响。自行设计的退火窑很有可能因结构或控制设备问题对玻璃的退火产生影响，如有的企业 F 区风嘴设计不合理，厚玻璃炸裂严重；有的企业 C 区冷却风量不够，造成玻璃在 RET 区炸裂现象较多等。

（7）操作问题。退火调整过程要切记“慢、慢、慢”，过快地调整会影响退火质量。

（8）设备故障影响。如风阀、风机、电加热、测温偶等，当然这种是短暂的。

（9）环境气候变化影响。冬季退火问题多是明证。

评价反馈

表 5-3-4　评价表

序号	评价项目	评分标准	分值	评价			综合得分
				自评	互评	师评	
1	浮法玻璃退火温度范围	能说出退火温度范围	10				
2	退火 5 个阶段	能掌握退火 5 阶段	10				
	退火工艺分区	能明确说明退火窑的工艺分区	10				
3	横向、纵向和垂直向退火温度控制	日常生产中能合理控制退火温度	20				
4	课程思政	理论知识的重要性	15				
		实践的重要性	15				
		理论与实践的关系	20				
合计			100				

拓展学习

5-3-1　微课-退火曲线

5-3-2　微课-退火温度制度

5-3-3　思政素材

扫码学习

学习任务5-4 退火窑冷却系统控制

任务描述

玻璃带在退火窑中的退火是有控制的冷却过程，在冷却过程中应尽量缩小温差，减少热应力的产生。为了满足退火工艺要求，需要对玻璃板局部适当加热，有效调节温差，因此，退火窑冷却系统并非只是简单地降温冷却，是一个系统的冷却过程。

学习目标

素质目标	知识目标	技能目标
1. 培养学生乐于助人的精神； 2. 积极传递正能量	1. 掌握直接冷却和间接冷却概念； 2. 掌握退火窑各区的换热方式及冷却风的流向	1. 能结合生产情况，合理调整退火窑的加热和冷却系统； 2. 能说明各区换热方式和冷却风流向

任务书

退火窑分为间接冷却和直接冷却两个阶段，A 区、B 区、C 区为间接辐射冷却，D 区、F 区是直接对流冷却。但根据退火工艺要求，每个区换热方式、风的流向、风量、风温等都不相同，加之辅助的局部加热，是一个复杂的冷却降温过程，必须正确掌握每个区的加热和冷却情况。

任务分组

表 5-4-1　学生任务分配表

<table>
<tr><td>班级</td><td></td><td>组号</td><td></td><td>日期</td><td></td></tr>
<tr><td>组长</td><td></td><td>指导教师</td><td colspan="3"></td></tr>
<tr><td>组员</td><td colspan="5">
<table>
<tr><td>姓名</td><td>学号</td><td>姓名</td><td>学号</td></tr>
<tr><td></td><td></td><td></td><td></td></tr>
<tr><td></td><td></td><td></td><td></td></tr>
<tr><td></td><td></td><td></td><td></td></tr>
<tr><td></td><td></td><td></td><td></td></tr>
<tr><td></td><td></td><td></td><td></td></tr>
<tr><td></td><td></td><td></td><td></td></tr>
</table>
</td></tr>
<tr><td>任务分工</td><td colspan="5"></td></tr>
</table>

获取信息

引导问题 1：玻璃带在退火窑中以传导、对流和辐射的方式，把自身的热量传递给其周围的介质和壳体，而使玻璃自身逐步冷却下来。请总结玻璃带通过哪几种方式把热量传递出去？

____

____

____

____

小提示

浮法退火窑内的热工现象包括：玻璃板与冷却风管、窑体之间的辐射散热，冷却风管与冷却风的对流换热，电加热元件对玻璃板辐射加热，窑内的自然对流，窑体、轴头等的散热，玻璃板的放热和冷却风的吸热等过程。那么退火窑内的玻璃带具体的散热过程是怎样的呢?

（1）玻璃板直接将热量传给辊子，由辊子轴头散失部分热量（Q_1）。Q_1 如果太大，就会引起玻璃板横向温差过大，玻璃容易炸裂，故该部分散热应尽量减少，轴头需要进行适当的密封保温。

（2）退火窑壳体散热量（Q_2）。玻璃板热量传到空间，由于存在着窑内外温差，热量可通过壳体进行散热，但为了工艺制度及控制要求，该部分热量亦不可过大，壳体一般做成内外两层，中间填充保温材料。

一般情况下，Q_1+Q_2，约占玻璃总散热量的 10%，其余 90%的热量是通过冷却风带走的。

（3）玻璃的热量主要以辐射方式传给冷却风管，再由冷却风将热量带走。实际传热过程中，玻璃上、下表面对冷却风的传热是有差别的。

玻璃板将热量传给辊子、退火窑壳体、冷却风管等，引申到社会生活中，每个人都需要传递正能量，要做有温度的人，要成为一个懂得分享、乐于助人的人。

引导问题 2：为了缩小温差，在退火窑的某些部位布置有电加热元件，通过学习和搜集资料，请简述退火窑加热的 3 种情况及退火窑内电加热器布置原则?

____

____

____

____

____

玻璃带在退火窑中的退火过程是有控制的冷却过程，但是为了满足正常生产对玻璃板边部进行适当加热，从而有效调节横向温差，同时也满足退火窑冷态启动烤窑升温的要求，在退火窑 A 区的板上和板下、B 区的板上和 C 区的板上一般设有电加热元件，电加热的功率可在控制室连续调节。

退火窑加热有烤窑加热、保温加热和正常生产加热 3 种情况。这 3 种加热情况，各工艺区所需的热量各不相同，根据 3 种情况的各区最大的耗热量，来确定退火窑的总耗热量或总电功率。通常，退火窑在烘烤过程中，当 A 区、B 区、C 区三区达到退火正常作业温度时的耗热量为最大。退火窑内布置电加热器原则为：

（1）在满足烤窑要求的前提下，尽量减小电加热功率；

（2）结合成形装备和操作水平，确定电加热功率大小；

（3）根据生产品种选择是否设置活动加热装置和如何布置板下电加热器。

引导问题 3：在退火窑的前 3 区，一般采用间接辐射冷却，后两区采用直接对流冷却。什么是间接冷却？什么是直接冷却？

____

____

____

____

引导问题 4：浮法退火窑 A 区、B 区、C 区 3 区冷却风流向通常采用________流→________流→________流冷却风流向。

引导问题 5：扫描拓展学习二维码学习 5-4-5，写出退火窑 A 区采用怎样的辐射换热方式，并在图 5-4-1 的 A 区冷却风控制示意图中标出玻璃板上、板下冷却风的流向。

____

____

____

____

____

引导问题 6：扫描拓展学习二维码学习 5-4-6，写出退火窑 B 区采用怎样的冷却方式，请在图 5-4-2 的 B 区冷却风控制示意图中标出玻璃板上、板下冷却风的流向。

____

____

____

____

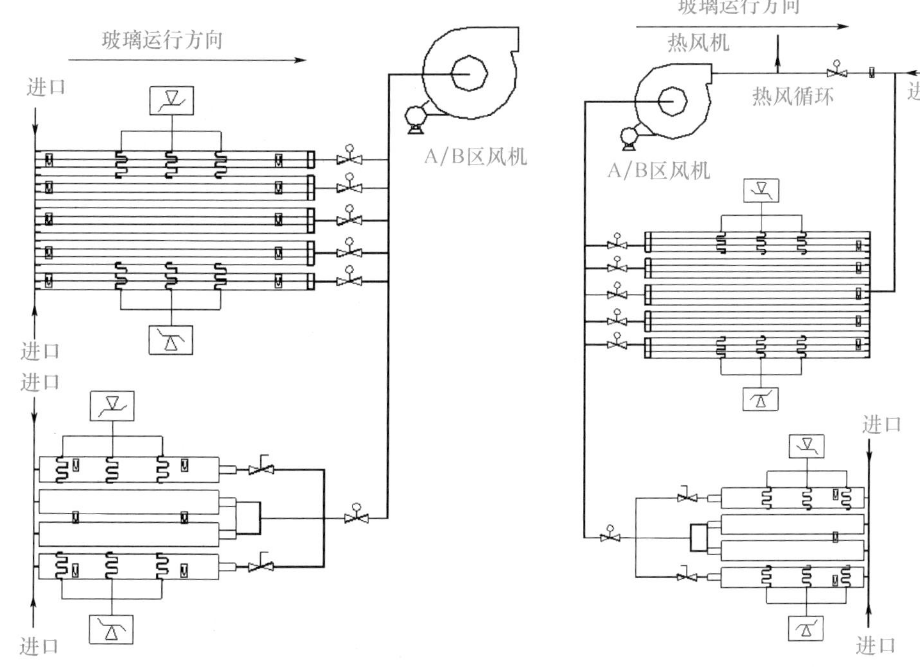

图 5-4-1　A 区冷却风控制示意图　　　图 5-4-2　B 区冷却风控制示意图

引导问题 7：扫描拓展学习二维码学习 5-4-7，写出退火窑 C 区采用怎样的冷却方式，试着在图 5-4-3 的 C 区冷却风控制示意图中标出玻璃板上、板下冷却风的流向。

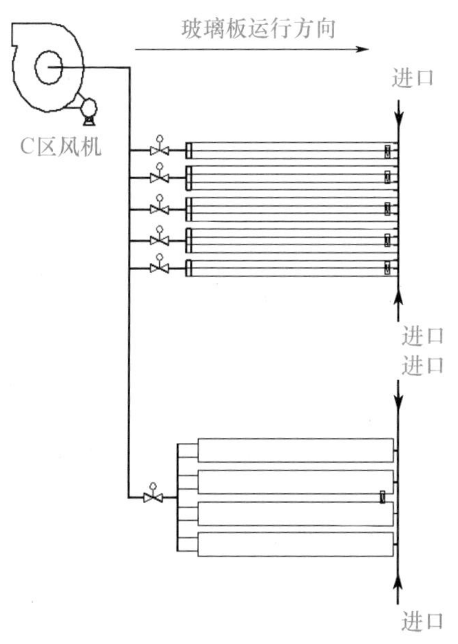

图 5-4-3　C 区冷却风控制示意图

引导问题8：扫描拓展学习二维码学习5-4-8和5-4-9，写出退火窑D区和F区分别采用怎样的冷却方式？

评价反馈

表5-4-2　评价表

序号	评价项目	评分标准	分值	评价			综合得分
				自评	互评	师评	
1	直接冷却和间接冷却概念	掌握直接冷却和间接冷却概念	10				
2	A区冷却方式	能说明换热方式和风的流向	10				
3	B区冷却方式	能说明换热方式和风的流向	10				
4	C区冷却方式	能说明换热方式和风的流向	10				
5	D区和F区冷却方式	能说明换热方式和风的流向	10				
6	课程思政	感恩之心	20				
		乐于助人	20				
		传递正能量	10				
合计			100				

拓展学习

5-4-1　微课-退火窑冷却方式
5-4-2　微课-浮法玻璃退火窑冷却过程控制
5-4-3　微课-退火窑冷却风管
5-4-4　课件-退火窑冷却方式
5-4-5　视频-退火窑直接冷却控制系统
5-4-6　Word-退火窑冷却系统习题
5-4-7　Word-退火窑冷却系统习题答案
5-4-8　Word-思政素材

扫码学习

学习任务5-5 退火质量影响因素分析

任务描述

退火工艺是浮法玻璃生产工艺的重要组成部分，退火质量的优劣直接影响玻璃生产的成品率及最终产品的使用效果。在实际生产中，影响玻璃退火质量的因素很多，采取有效措施进行调整，才能保证退火工艺的顺利进行。

学习目标

素质目标	知识目标	技能目标
1. 培养具体问题具体分析的能力； 2. 培养学生遵守规章制度的职业素养； 3. 培养学生的创新意识和创新能力	1. 掌握不同成形方法对退火的影响； 2. 掌握横向温差对退火的影响； 3. 掌握上下表面温差对退火的影响	1. 能够根据不同成形方法正确处理退火问题； 2. 能正确解决上下表面温差对退火的影响问题； 3. 能够处理横向温差对退火的影响问题

任务书

通过查阅资料、多媒体资源、小提示等获取知识的途径，找出拉边机法（RADS法）、石墨挡墙法（FS法）及挡墙拉边机法（DT法）在生产超厚玻璃时，对退火质量的影响；找出玻璃板横向温差对玻璃成品率的影响；找出玻璃板上下表面温差对玻璃板的影响及解决措施。

任务分组

表 5-5-1　学生任务分配表

<table>
<tr><td>班级</td><td></td><td>组号</td><td></td><td>日期</td><td></td></tr>
<tr><td>组长</td><td></td><td>指导教师</td><td colspan="3"></td></tr>
<tr><td>组员</td><td colspan="5"><table>
<tr><th>姓名</th><th>学号</th><th>姓名</th><th>学号</th></tr>
<tr><td></td><td></td><td></td><td></td></tr>
<tr><td></td><td></td><td></td><td></td></tr>
<tr><td></td><td></td><td></td><td></td></tr>
<tr><td></td><td></td><td></td><td></td></tr>
<tr><td></td><td></td><td></td><td></td></tr>
</table></td></tr>
<tr><td>任务分工</td><td colspan="5"></td></tr>
</table>

获取信息

引导问题 1：厚玻璃的退火相对于薄玻璃难度更高，不同的厚玻璃成形方法对退火的影响不同，请查阅资料，找到拉边机法（RADS 法）生产厚玻璃对退火的影响有哪些？

引导问题 2：石墨挡墙法（FS 法）及挡墙拉边机法（DT 法）生产超厚玻璃，对退火质量有怎样的影响？

引导问题 3：在玻璃生产过程中，由于各部位升温、散热条件的差异，玻璃板横向产生一定的温差，试分析横向温差对退火的影响。

引导问题 4：玻璃板上下表面降温速率不同，形成上下表面温差，使得上下表面的应力不同，其会对玻璃板造成什么影响？生产中应该采取怎样的措施？

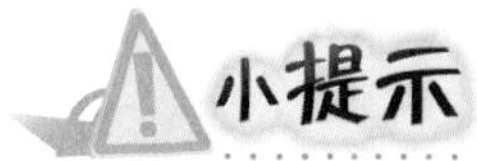

退火工艺是浮法玻璃生产工艺的重要组成部分，退火质量的优劣直接影响玻璃生产的成品率及最终产品的使用效果。

（1）合理的退火曲线

在实际生产中，我们会碰到各种各样的退火问题。首先要确定退火窑各区合理的退火温度范围。只有通过对比分析，明确退火窑纵向各区的合理控制温度，才能确定控制是否符合退火工艺的要求，掌握退火工况，找出解决问题的方法。

根据传统的退火理论和奥霍琴法计算公式，可以确定对应黏度为10^{12}~$10^{14.5}$Pa·s的玻璃液的退火温度控制范围。在实际生产中，退火前区出口控制温度要比计算略低，这是因为浮法玻璃是在高速拉引状态下生产，不可能在退火上限区保温3min以上来消除应力，玻璃均匀快速地通过A区，使B区的温度梯度相对缩小，可有效防止玻璃退火过程产生新的应力，从而得到退火质量优良的制品。而在B区之后的冷却区，则可以以较快的速度降温，这就使得整个退火曲线呈现“快—慢—快”的控制特点。

对厚玻璃退火制度的控制比对薄玻璃的要求高，因为玻璃成形产生的应力与玻璃制品的成形温度成正比关系，玻璃越厚，其产生的内应力越大，对厚玻璃退火过程的控制，除了要考虑成形等因素外，对退火曲线的调整是需要考虑的又一重要因素。厚玻璃的生产中，在适当降低拉引速度的前提下，退火区及退火区之前的温度可以保持不变（实际上冷却速度已经降低），退火区以后应较大幅度地调整阀门开度，以降低冷却速度。

在实际生产中，对退火曲线控制的判断除了运用在线应力分析仪分析退火质量的优劣外，还可以用玻璃横切后的切割质量来判断。如果玻璃切裁的横断面光滑明亮，就可以初步判断退火曲线的控制较为合适。

（2）成形方法对超厚浮法玻璃退火的影响

在玻璃生产中，如果出现退火问题，人们往往单纯地归咎于退火过程本身，而忽视了成形对退火过程的影响。实际上成形过程对退火有着重要影响，有时甚至是决定性的，这一点在厚玻璃的生产中表现得尤为突出。如拉边机法（RADS法）生产厚玻璃的退火控制明显难于薄玻璃，容易造成摆动、边部裂口以及退火工艺方面的问题。

采用挡墙法（FS 法）生产超厚浮法玻璃，由于玻璃板横断面厚度是均匀一致的，因此，边部不会太凉，采取一定的边部保温措施，可以使内应力大为减小，容易切割。

采用挡墙拉边机法（DT 法）生产超厚浮法玻璃，由于拉边机只起一个辅助挡边的作用，齿印较浅，齿外的玻璃边很小，齿外的玻璃边部比较凉，采取一定的保温措施可以改善边部的应力。

采用拉边机法（RADS 法）生产超厚浮法玻璃，由于完全依靠拉边机来堆厚，使得拉边机的角度、速度和压入玻璃的深度增加。齿印外的玻璃边较宽，玻璃边较凉，使得边部压应力增加，切割较困难。

不同的成形方法对退火的影响不同，引申为要根据实际情况进行具体分析，在浮法玻璃成形方法上还要继续探索、继续创新，找到更加有利于退火的浮法玻璃成形方法，培养学生的创新意识和创新能力。

（3）玻璃板横向温差

在玻璃生产过程中，由于各部位升温、散热条件的差异，玻璃板产生一定的横向温差是必然的，而且总是存在着玻璃板边部温度比中部温度稍低的情况，因此要设法提高边部温度，降低中部温度，尽可能减小横向温差，以使产生的内应力不影响成品率。在退火过程中，则通过控制风阀的开度大小，使玻璃板整体实现较为均匀的降温，对玻璃板横向温差的有效控制，能明显提高玻璃的切裁成品率，这是退火工艺的重要控制内容之一。

（4）玻璃板上下表面温差

玻璃板上下表面温差，即上下表面降温速度的差异，同样会对退火质量产生一定程度的影响，因此，在退火窑的下部设置测温仪器（如热电偶）是十分必要的，对玻璃上下表面温差的控制，应该遵循下表面比上表面温度稍高的原则。

引导问题 5：影响退火质量的因素很多，在分析问题的过程中要抓住主要原因，从根本上解决问题，请总结影响退火质量的因素，用鱼骨图的形式呈现出来。

评价反馈

表 5-5-2　评价表

序号	评价项目	评分标准	分值	评价			综合得分
				自评	互评	师评	
1	玻璃板横向温差的影响	能理解玻璃板横向温差对玻璃退火的影响并能正确处理	20				
2	玻璃板上下表面温差的影响	能理解玻璃板上下表面温差对退火的影响，并能正确处理	10				
3	厚玻璃成形方法的影响	能分析不同成形方法对退火的影响并正确处理	20				
4	课程思政	具体问题具体分析	15				
		遵守规章制度	15				
		创新能力	20				
合计			100				

拓展学习

5-5-1　PPT-影响退火质量的因素及处理措施

5-5-2　微课-影响退火质量的因素

5-5-3　Word-退火质量影响因素拓展练习题

5-5-4　Word-退火质量影响因素拓展练习题答案

5-5-5　Word-思政素材

扫码学习

模块 6

浮法玻璃退火作业控制

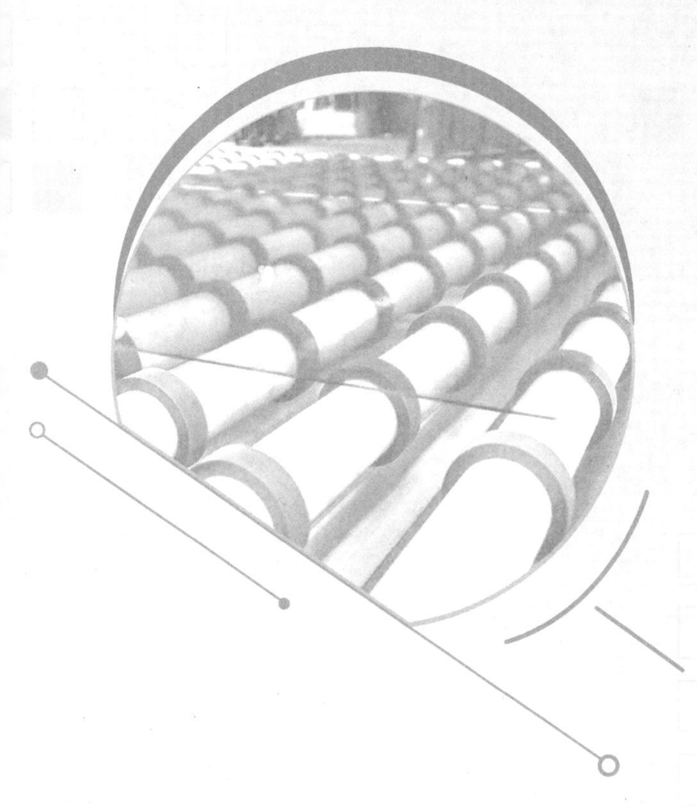

学习向导

知识导读

本模块主要学习浮法玻璃退火作业过程控制及操作，要求熟知退火窑结构，会制定退火窑烘烤方案，对常见的退火问题，如炸板、玻璃带弯曲等能做出快速正确的处理，对突发的主传动停车事故能做出及时正确的处理。

内容简介

序号	任务名称	学习目标			建议学时
		素质目标	知识目标	技能目标	
1	认知退火窑结构	1. 俗话说健康是1，后面所有的东西都是0，如果没有这个1做基础，再多的0都是0，一切都是没用，激发学生强健体魄，培养钢铁般的意志，实现人生价值； 2. 引导学生用马克思辩证唯物主义思想看待问题，培养辩证思维模式，能够独立思考分析问题，激发学生的创新能力	1. 了解退火窑种类及结构； 2. 掌握退火窑工艺分区及各区结构和特点	1. 能够根据实际选择退火窑类型； 2. 能进行退火窑结构的简单设计	2
2	退火窑烘烤作业控制	1. 强化专项作业的安全意识、质量意识；	1. 掌握退火窑烘烤前的检查内容；	1. 会制定退火升温降温曲线；	2

续表

序号	任务名称	学习目标			建议学时
		素质目标	知识目标	技能目标	
2	退火窑烘烤作业控制	2. 培养系统考虑问题意识和过程控制方法，坚持实事求是的原则处理各类问题； 3. 培养吃苦耐劳的精神	2. 掌握退火窑辊道和传动系统的检查内容； 3. 掌握退火窑电加热和冷却系统的检查内容	2. 能制定完整退火窑烘烤作业方案	2
3	炸板分析与处理	1. 培养科学的思维方法； 2. 培养批判质疑的科学精神	1. 熟悉玻璃生产中炸板的表现种类； 2. 掌握引起炸板的主要原因及处理措施	1. 能分析玻璃生产中产生炸板的原因并提出处理措施； 2. 能在日常生产中维持稳定的退火工艺制度，防止炸板的发生	2
4	玻璃带弯曲缺陷分析与处理	1. 培养岗位责任心、职业担当； 2. 预防重于后期解决，防患于未然，强化学生的质量意识	1. 熟悉玻璃生产中弯曲的表现种类； 2. 掌握引起弯曲的主要原因及处理措施	1. 能分析玻璃带生产过程中发生弯曲的原因并提出处理措施； 2. 能在日常生产中维持稳定的退火工艺制度，防止弯曲的发生	2
5	主传动停车事故处理	1. 强化专项作业的安全意识、预防事故的责任意识； 2. 掌握事物管理的方法和原则； 3. 树立敬畏心和责任心	1. 掌握主传动系统结构组成； 2. 掌握主传动工作原理； 3. 掌握各传动站的作用	1. 能对主传动停车故障做出正确分析处理； 2. 能制定主传动停车预防方案	2
学习成果		L06：浮法玻璃退火缺陷产生原因和处理措施			

学习成果

为了加深对浮法玻璃退火操作过程的认识和理解，提高分析问题和处理问题的能力，有目标、有重点地进行学习、研究和应用实践，实现本模块的学习目标，特设计一个学习成果 LO6，请按时、高质量地完成。

一、完成学习成果 LO6 的基本要求

通过小论文或其他形式说明浮法玻璃常见的退火缺陷及产生的原因，并给出预防和处理措施，字数不低于 1500 字。

二、学习成果评价要求

评价按照：优秀（85 分以上）；合格（70~84 分）；不合格（小于 70 分）。

评价要求	等级			
	优秀	合格	不合格	得分
内容完整性 （总分 30 分）	完整齐全正确 >26	基本齐全 22~26	问题明显 <22	
条理性 （总分 30 分）	条理性强 >26	条理性较强 22~26	问题较多 <22	
书写 （总分 20 分）	工整整洁 >15	基本工整 13~15	潦草 <13	
按时完成 （总分 20 分）	按时完成 >15	延迟 2 日以内 13~15	延迟 2 日以上 <13	
总得分				

学习任务6-1 认知退火窑结构

任务描述

退火窑是浮法玻璃生产三大热工设备之一，按照退火工岗位职业技能要求，能够识读退火窑结构图，能够说明退火窑各部分结构、作用、特点、工艺要求，能够根据工艺要求进行退火窑结构基本设计和计算。

学习目标

素质目标	知识目标	技能目标
1. 俗话说健康是1，后面所有的东西都是0，如果没有这个1做基础，再多的0都是0，一切都是没用，激发学生强健体魄，培养钢铁般的意志，实现人生价值； 2. 引导学生用马克思辩证唯物主义思想看待问题，培养辩证思维模式，能够独立思考分析问题，激发学生的创新能力	1. 了解退火窑种类及结构； 2. 掌握退火窑工艺分区及各区结构和特点	1. 能够根据实际选择退火窑类型； 2. 能进行退火窑结构的简单设计

任务书

（1）认知退火窑结构。

（2）初步完成一座600t/d浮法玻璃退火窑结构计算和设计，并写出简单的说明书。

任务分组

表 6-1-1　学生任务分配表

<table>
<tr><td>班级</td><td></td><td>组号</td><td></td><td>日期</td><td></td></tr>
<tr><td>组长</td><td></td><td>指导教师</td><td colspan="3"></td></tr>
<tr><td rowspan="5">组员</td><td>姓名</td><td>学号</td><td>姓名</td><td colspan="2">学号</td></tr>
<tr><td></td><td></td><td></td><td colspan="2"></td></tr>
<tr><td></td><td></td><td></td><td colspan="2"></td></tr>
<tr><td></td><td></td><td></td><td colspan="2"></td></tr>
<tr><td></td><td></td><td></td><td colspan="2"></td></tr>
<tr><td>任务分工</td><td colspan="5"></td></tr>
</table>

获取信息

引导问题 1：常见的玻璃退火窑有哪几种？

小提示

退火窑可按制品移动情况、热源和加热方法进行分类。按制品的移动情况可将退火窑分为间歇式（图 6-1-1）、半连续式（图 6-1-2）和连续式（图 6-1-3）3 类。按热源和加热方法可将退火窑分为燃气窑、燃煤窑、燃油窑和电窑 4 类。现代浮法玻璃退火窑都是全钢全电退火窑。

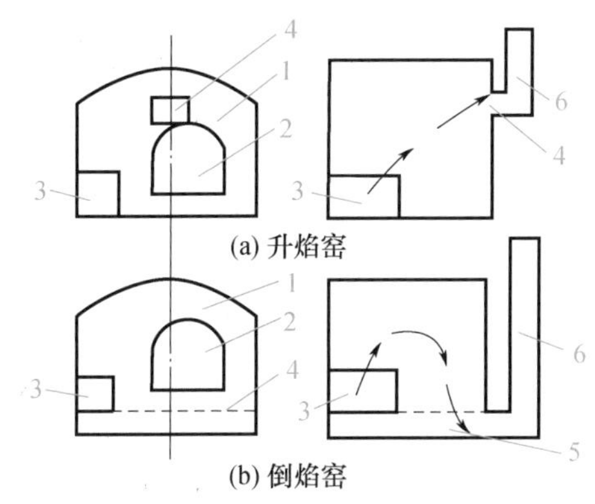

(a) 升焰窑

(b) 倒焰窑

图 6-1-1　间歇式明焰退火窑

1—炉膛；2—炉门；3—火箱；4—吸火口；5—烟道；6—烟囱

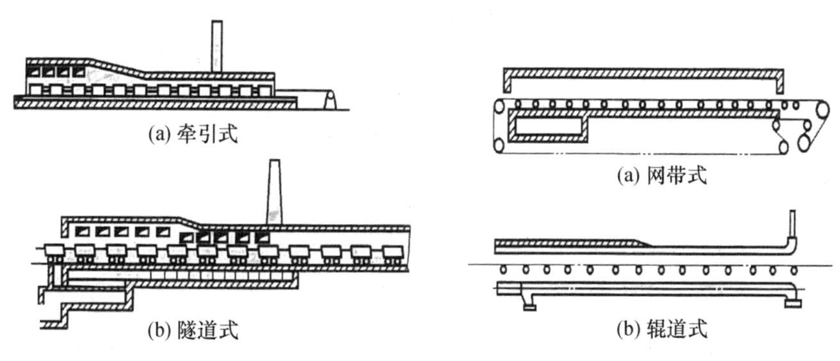

(a) 牵引式

(b) 隧道式

图 6-1-2　半连续式退火窑

(a) 网带式

(b) 辊道式

图 6-1-3　连续式退火窑

现代退火窑采用全钢结构，更加利于保温、退火温度调整，使用寿命更长，联想到我们每个人都应该加强身心锻炼，练就强健体魄，培养钢铁般的坚强意志，才能实现人生价值。

引导问题 2：目前，浮法玻璃退火窑有两种，一种是 STEIN，另一种是 CNUD，请查找 STEIN 退火窑结构资料。

小提示

浮法玻璃的退火是在退火窑里进行的。对于全钢全电的隧道式浮法玻璃退火窑，其长度和宽度应根据要求生产的玻璃带的拉引量、宽度、产品厚度确定。退火窑结构要求强保温、强冷却、可调性要好，这样才能很好地完成玻璃的退火。强保温的目的就是使退火窑形成一个均匀的温度场；强冷却也是增加退火窑的可调性，保证退火温度达到工艺操作要求；退火窑的分区密封和板上下的分割，目的是减少退火窑内的气体对流，退火传热以辐射传热为主，增加退火的稳定性。可调性是指温度控制范围的可调性，加热、冷却部位的可调性，可调性越高，退火调整精度越高。

STEIN 退火窑分为 A 区、B 区、C 区、D 区和 F 区。根据产量的不同，还可以将各区再分区，但作用相同。如 B 区可分为 B_1 区、B_2 区等；F 区可分为 F_1 区、F_2 区等；如有在线镀膜玻璃，在 A 区之前另设 A_0 区。B 区采用热风循环方式进行冷却，这是 STEIN 最大的特点。另外，在 F 区前设有过渡区 E 等，其长度约为 2.1m。D 区前设过渡区 E_0，此区包含在 D 区内。按玻璃的退火要求，每个区的温度不同，区与区之间用挡帘分隔。在窑体两侧，辊道的上面设有观察孔，下面设有碎玻璃清扫门。

引导问题 3：CNUD 退火窑是怎样分区的？与 STEIN 退火窑有何不同？

小提示

CNUD 退火窑分为 A 区、B 区、C 区、RET 区和 F 区。B 区是冷风逆流的冷却方式，这点与 STEIN 退火窑不同。RET 区与 STEIN 退火窑的 D 区结构相同只是名称不同。

引导问题 4：不管是 STEIN 退火窑还是 CNUD 退火窑，都是分为 5 个工艺分区，请查阅一座 600t/d（或其他拉引量）的浮法玻璃退火窑各区结构尺寸。

小提示

玻璃退火分区是为玻璃在退火窑中，根据不同情况和要求进行退火，以便分区加以控制，达到提高玻璃退火质量的目的。玻璃在退火窑中，按退火工艺分为加热均热预冷区（又称预退火区）、重要冷却区（又称退火区）、冷却区（又称后退火区）和急速冷却区。急速冷却区又分为直接热风冷却区和直接冷风冷却区。图 6-1-4 所示为退火窑 F 区外观。

图 6-1-4　退火窑 F 区外观

引导问题 5：创新是发展的基础，没有创新，社会就不能进步。对于设计人员来说，要有创新设计理念，在退火窑设计方面有何创新想法？

工作实施

根据以上所学，计算日拉引量 600t/d，生产合格板宽 3660mm 的退火窑 A 区、B 区、C 区、D 区、F 区各区的长度、宽度以及退火窑总长度，并做简要说明。

评价反馈

表 6-1-2 评价表

序号	评价项目	评分标准	分值	评价			综合得分
				自评	互评	师评	
1	退火窑的种类	了解退火窑的各种类型及结构	10				
2	退火窑分区	熟悉退火窑分区	10				
3	退火窑各区的结构和特点	掌握各区的结构、作用及要求，并能做简单计算	20				
4	退火窑结构设计	能进行退火窑简单的结构设计	10				
4	课程思政	身心健康	20				
		辩证思维	10				
		独立分析问题能力	10				
		创新能力	10				
合计			100				

拓展学习

6-1-1 PPT-退火窑结构

6-1-2 微课-退火窑结构

6-1-3 PPT-退火窑壳体

6-1-4 微课-退火窑壳体

6-1-5 PPT-退火窑结构和初步设计

6-1-6 视频-退火窑结构和初步设计

6-1-7 Word-拓展练习题

6-1-8 Word-拓展练习题答案

6-1-9 Word-思政素材

扫码学习

学习任务6-2 退火窑烘烤作业控制

任务描述

为了保证退火窑不因受急热或急冷而遭到损坏，以及减小玻璃带进入退火窑的温差，防止玻璃带炸裂，必须在使用前进行烘烤。退火窑的烘烤要做好充分的准备工作。

学习目标

素质目标	知识目标	技能目标
1. 强化专项作业的安全意识、质量意识； 2. 培养系统考虑问题意识和过程控制方法，坚持实事求是的原则处理各类问题； 3. 培养吃苦耐劳的精神	1. 掌握退火窑烘烤前的检查内容； 2. 掌握退火窑辊道和传动系统的检查内容； 3. 掌握退火窑电加热和冷却系统的检查内容	1. 会制定退火升温降温曲线； 2. 能制定完整退火窑烘烤作业方案

任务书

按照企业新建生产线投产前的准备要求，需对600t/d浮法玻璃退火窑进行烘烤方案设计及烘烤作业，以实现退火窑烘烤作业控制，完成600t/d新建浮法玻璃退火窑烘烤检查、准备、升温方案的制定，在老师的指导下完成任务书。

任务分组

表6-2-1 学生任务分配表

班级		组号		日期	
组长		指导教师			

续表

	姓名	学号	姓名	学号
组员				
任务分工				

获取信息

引导问题 1：退火窑烘烤前要检查哪些内容？为什么？

____

____

____

____

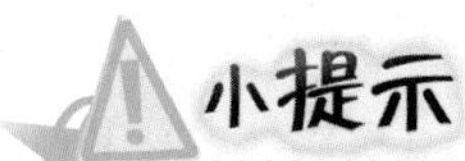

1. 退火窑风机的检查

（1）检查风机、风管及吊挂支撑件安装是否正确牢固；风机防护是否安全牢靠，风机闸板是否灵活，各轴承和皮带是否拉紧；确认风机轴承是否已加入符合要求的润滑油。

（2）检查电机接线及绝缘、电源电压及电控系统是否符合要求，并做点动试验。

（3）用手使叶片转动看是否有阻卡，然后启动风机检查风机运转方向是否正确，1h 后检查风机电机电流、安全装置、轴承温度、信号装置及振动是否有异常现象。

2. 蝶阀的检查

（1）检查调整温度的调节阀执行机构的接线是否正确，定位显示是否准确。

（2）检查手动执行机构安装是否符合要求，与蝶阀之间连接是否正确。

（3）检查蝶阀过程控制系统是否正常可靠。

（4）检查 D 区、RET 区及 F 区手柄与风阀连接是否正确，调节是否灵活。

图 6-2-1 所示为退火窑 A 区横剖面图。

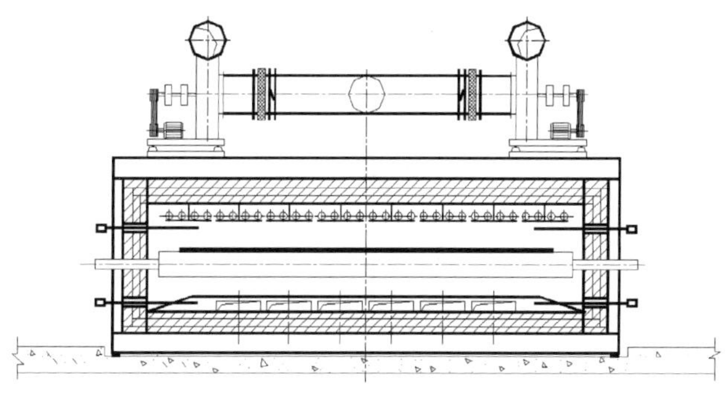

图 6-2-1　退火窑 A 区横剖面图

引导问题 2：退火窑烘烤前壳体需要检查哪些内容？

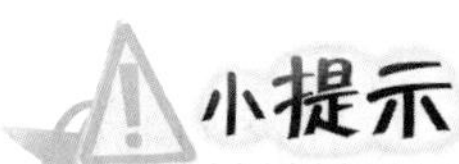

退火窑壳体的检查：

（1）退火窑在密封前，要对窑内所有零部件进行一次全面认真的检查。

① 检查辊子与金属件是否有摩擦。

② 校对热电偶的位置。

③ 检查管子支撑杆的螺母是否拧紧或焊住。

④ 确认管道系统无漏风现象。

⑤ 清扫干净窑内的杂物。

（2）对壳体进行全面细致的检查，检查安装质量是否符合设计要求，壳体各节之间能否自由膨胀，各部位的密封是否严实。

（3）检查全部观察孔塞和清扫玻璃门塞的密封情况。

（4）清扫干净窑外的杂物。

引导问题3：退火窑烘烤前辊道和传动系统要检查哪些内容？请填写表6-2-2。

表6-2-2　辊道及传动系统检查内容

序号	辊道需检查内容	传动系统需检查内容
1		
2		
3		
4		
5		

1. 对辊道进行检查

（1）所有输送辊道应平直、无弯曲，辊距、标高应符合设计要求。辊道启动后由慢到快，辊道线速度须达到1000m/h以上。

（2）检查退火窑轴头密封挡板与轴头密封及膨胀预留间隙是否符合设计要求，辊子轴头挡板与辊子轴端不能有摩擦和响声。

（3）退火窑辊子在运转前先人工盘车，确认无误后，开电启动。

（4）各输送辊子安装就位检查合格后，测量A区、B区、C区及D区的非传动端各辊子轴承与吊挂轴承座之间的相对位置，以做升温时测量每个辊子膨胀量的参照。

（5）辊道进行跑偏试验应符合设计要求。

2. 对传动系统进行检查

（1）检查传动系统安装是否牢固，是否符合设计要求，防护罩是否完整，传动部分是否注满润滑油，应清除地面油污。

（2）对主传动要进行试运转，主传动1号、2号之间的转换离合器试验合格，发现问题要及时解决。

（3）主传动高速、中速、低速试车运转合格。

（4）检查主传动运转速度与仪表显示一致。

引导问题 4：退火窑烘烤前电加热和冷却风系统要检查哪些内容？请填表 6-2-3。

表 6-2-3　退火窑电加热和冷却风系统检查内容

序号	电加热系统检查内容	冷却风系统检查内容
1		
2		
3		
4		
5		

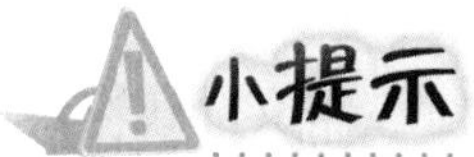

1. 检查退火窑电加热系统

（1）检查电加热的引出线是否绝缘良好。

（2）分段进行通电试验，并试验与控制调节系统的联动。

（3）分清各区电加热位置和配电柜上相应的开关位置，并在控制柜上标明。

2. 检查退火窑冷却风系统

（1）检查风阀开度是否与仪表显示同步，要求调节灵活稳定。

（2）风管焊接良好，无漏风，风管上各闸板调节灵活，并做好开关标记。

（3）风机运行正常，风机进出口风阀调节灵活。

（4）提前启动退火窑主传动电机，使辊道进入正常运转状态。

对退火窑的检查，是对可能出现的问题做预防性检验，一旦投产出现故障，损失巨大。因此，检查过程中要有安全意识、质量意识。

工作计划

引导问题5：退火窑烘烤前升温曲线如何制定？

小提示

为保证退火窑不因受急热或急冷而导致设备遭到损坏，必须在使用前进行烘烤。A区、B区、C区出口温度参考值分别为550℃、480℃、380℃。温度波动度范围参考值为：±10℃。

图6-2-2所示为升温降温曲线图，一般升温为40h，保温24h，使各部位得到均热。降温一般为24h。某退火窑烤窑温度制度见表6-2-4。

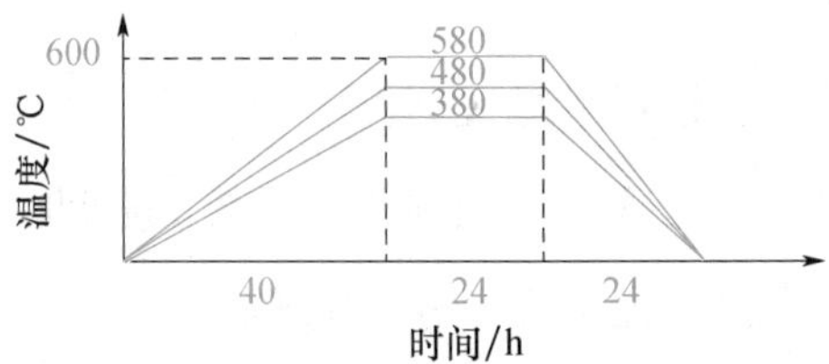

图6-2-2　退火窑升温降温曲线图

表6-2-4　退火窑烤窑温度制度

升温范围/℃	升温度数/℃	升温速度/（℃/h）	所用时间/h
室温（20~130）	110	15	7
130	0	0	15
130~300	170	10	17
300~470	170	12	14
470~560	90	15	6
560	0	0	15
累　计			74

进行决策

检查及准备工作完成后，各小组需根据烘烤原则及各企业烘烤技术规程，确定退火窑升温原则。

引导问题 6：根据以上所学，请总结退火窑烘烤升温原则。

___

___

___

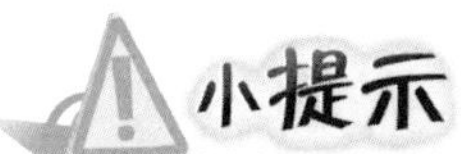

退火窑升温原则：

（1）退火窑通过冷态验收合格后，方可进行升温烤窑。

（2）正式升温前应通知变电所做好供电准备。

（3）各区升温速度均按 8℃/h 进行，升到规定温度后保温。

（4）升温过程认真巡检，发现下列问题及时处理。

① 升温、保温过程中，随时观察主传动电机运转及电流波动情况，如有异常及时汇报处理；

② 巡回检查所有电源、电流、电压指示是否正常，并测定电流大小；

③ 随时检查电加热的运行情况，发现异常及时与有关人员联系解决；

④ 注意观察退火窑各辊道的膨胀情况和辊道阻卡情况，如有异常及时处理；

⑤ 根据升温情况，每 50℃测量一次 A 区、B 区、C 区及 D 区各根辊子的膨胀量；

⑥ 随时观察所用风机电机的电流、轴承温度、风量大小、阀门开度、窑内风管等部位的工作状态是否正常；

⑦ 随时通过各观察孔观察窑内风管的膨胀和支撑件的滑动及其他部位情况。

（5）根据第一次升温情况和投产时间确定第二次升温时间。

没有规矩，不成方圆。退火窑升温过程也是如此，要有系统考虑问题的意识，并掌握过程控制方法，坚持实事求是的原则处理各类问题。

工作实施

通电升温即退火窑烘烤工作开始实施。

一般接现场总负责人通知后，开始调功器打手动通电升温，整个升温过程力求各区升温均匀，升温速度符合计划要求。

引导问题 7：退火窑烘烤需要注意哪些事项？

小提示

引导问题 8：退火窑的烘烤是通过领导统一安排、大家团结协作共同完成的，请谈谈你对团队的沟通交流和协作的认识，你能做到什么程度？

引导问题 9：社会已经发展到信息时代和人工智能时代，你认为还需要吃苦耐劳的精神吗？

评价反馈

表 6-2-5 评价表

序号	评价项目	评分标准	分值	评价			综合得分
				自评	互评	师评	
1	退火窑烘烤前的检查	壳体的检查内容	10				
		辊道、传动系统检查内容	10				
		电加热和冷却风系统检查内容	10				
2	烘烤温度曲线	能制定退火窑烘烤温度曲线	10				
3	烘烤方案制定	能制定退火窑烘烤作业方案	10				
4	课程思政	安全意识，质量意识	10				
		树立系统考虑问题意识和过程控制方法，坚持实事求是的原则处理各类问题。	20				
		吃苦耐劳的精神	20				
合计			100				

拓展学习

6-2-1 Word-退火窑升温过程要求及注意事项

6-2-2 Word-思政素材

扫码学习

学习任务6-3　炸板分析与处理

任务描述

在浮法玻璃生产中经常发生玻璃带横炸、纵炸，甚至混合炸板的情况，大大降低玻璃产量。一旦发生这些情况必须找到原因，及时采取有效措施制止炸板的继续，减少经济损失。

学习目标

素质目标	知识目标	技能目标
1. 培养科学的思维方法； 2. 培养批判质疑的科学精神	1. 熟悉玻璃生产中炸板的表现种类； 2. 掌握引起炸板的主要原因及处理措施	1. 能分析玻璃生产中产生炸板的原因并提出处理措施； 2. 能在日常生产中维持稳定的退火工艺制度，防止炸板的发生

任务书

某浮法生产线，经常发生玻璃带的横炸和纵炸，使企业遭受重大经济损失，请你为企业分析原因并提出有效处理措施。

任务分组

表6-3-1　学生任务分配表

班级		组号		日期	
组长		指导教师			

续表

<table>
<tr><td rowspan="7">组员</td><td>姓名</td><td>学号</td><td>姓名</td><td>学号</td></tr>
<tr><td></td><td></td><td></td><td></td></tr>
<tr><td></td><td></td><td></td><td></td></tr>
<tr><td></td><td></td><td></td><td></td></tr>
<tr><td></td><td></td><td></td><td></td></tr>
<tr><td></td><td></td><td></td><td></td></tr>
<tr><td></td><td></td><td></td><td></td></tr>
<tr><td>任务分工</td><td colspan="4"></td></tr>
</table>

获取信息

引导问题 1：浮法玻璃退火缺陷最常见的就是玻璃带炸板，炸板有哪几种情况？

______

______

______

浮法玻璃退火常见的炸板现象有横炸、纵炸及混合炸板。

引导问题 2：玻璃带发生横炸的原因有哪些？你如何处理？

______

______

______

______

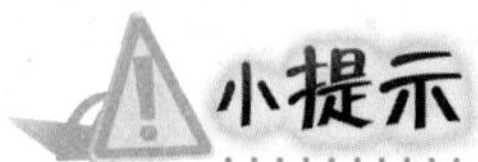

如果在退火或永久应力区域（温度高于 480℃），玻璃带边部比中间凉，或者在冷

却或暂时应力区域（温度低于480℃），玻璃带边部比中间热，就会形成轻薄或柔韧的边部（松边）。这时玻璃带边子很松，用手很容易把玻璃带从辊道上提起，肉眼可观察到边部明显的变形，有时甚至可听到因边松波浪变形拍打辊子的声音。

边松使玻璃带的边部比中部长，这时，中部会阻止边部变长，从而使边部受到压应力，反之，边部会使中部变长，中部区域受到张应力。当玻璃中出现弱区（如结石、析晶等）或玻璃中的应力超过自身强度时，横炸就会发生（图6-3-1）。

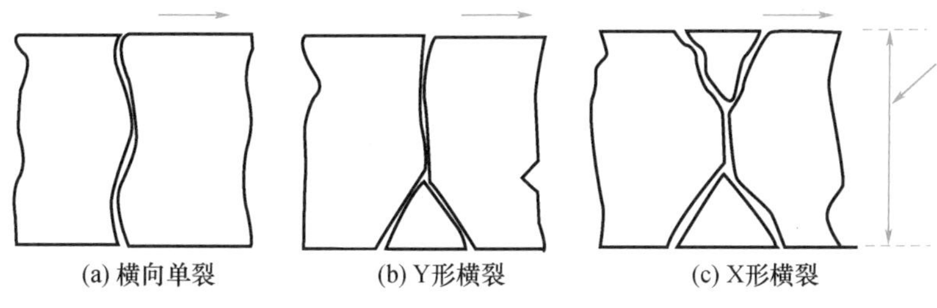

图6-3-1　玻璃带横向炸板现象

引导问题3：玻璃带发生纵炸的原因是什么？你应该如何处理？

小提示

玻璃带纵炸主要表现为玻璃带边很紧，很难把玻璃带从辊子上提起（厚玻璃例外，因为厚玻璃太重）。炸板一般是从边部开始，在一侧伴随纵裂纹头一般是逆向于玻璃带运动方向延伸，有时延续时间很长，有时周期性发生。

这种炸板是由于边部没有足够的压应力和中间没有足够的张应力。当玻璃边部张应力值大于玻璃的拉伸强度时，玻璃会发生纵裂，如图6-3-2所示。玻璃的抗压强度比拉伸强度高10倍，因此在边部呈张力的情况下，边部本身在任何一种缺陷（如结石、析晶等）的作用下，边部首先破裂。

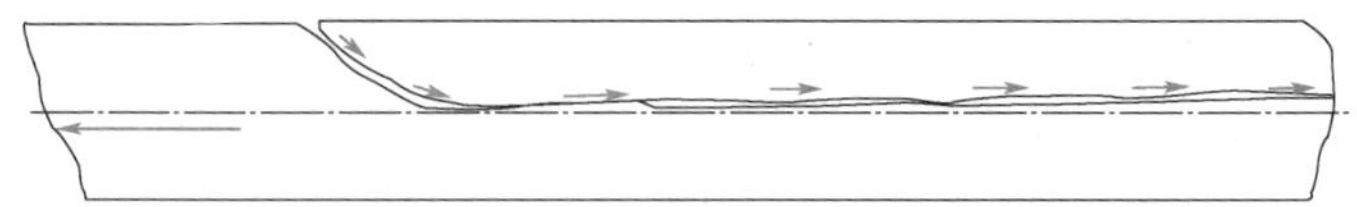

图 6-3-2　玻璃带纵向炸板现象

玻璃带无论是横炸还是纵炸对玻璃企业生产效益都是巨大影响，因此要培养学生具备恪尽职守的职业操守，同时增强节约能源、资源的生态文明意识。

引导问题 4：生产实际案例分析

1. 某浮法生产线在 10mm 玻璃的基础上改板生产 12mm 玻璃，玻璃板一天纵炸达 505min，严重影响正常生产。

2. 某生产线是 2011 年 6 月投产，以 4mm 玻璃生产为主，退火窑为斯坦因的结构形式。2011 年 9 月出现严重横向粉碎性炸板，在 C 区出口、D 区出现周期性横向炸板。连续 3 次堵塞退火窑，其中有一次被迫砸头子，给生产造成重大损失。

案例问题：

（1）两个案例中玻璃炸板的原因是什么？

（2）两案例中的炸板问题如何处理？

通过对上述两个案例的分析写出案例分析报告。

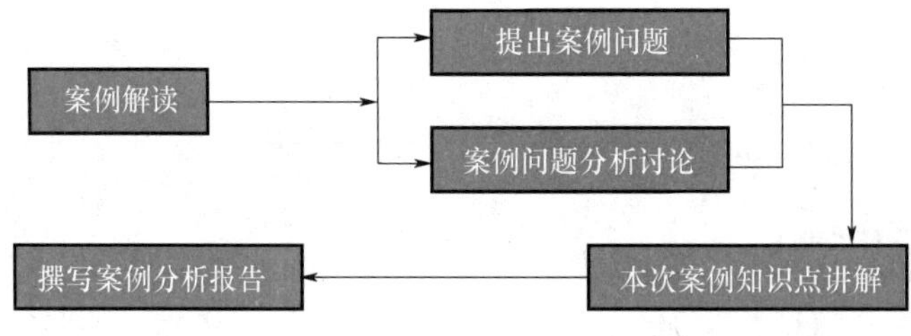

通过结合生产实际分析炸板的原因和解决措施，讨论过程鼓励学生要有“不以人蔽己，不以己蔽人”的态度，提升学生正确认识问题、分析问题和解决问题的能力，逐步建立科学的思维方法，培养批判质疑的科学精神。

工作实施

根据以上所学，总结出玻璃板发生炸板的原因，画出鱼骨分析图。

评价反馈

表 6-3-2 评价表

序号	评价项目	评分标准	分值	评价			综合得分
				自评	互评	师评	
1	炸板原因分析	能分析应力变化引起炸板的规律	10				
2	炸板的处理方法	能够提出炸板发生后的处理方法	10				
3	炸板的控制措施	能够采用多种方法预防控制炸板	10				
4	案例分析报告	分析合理，用语规范，格式正确	20				
5	课程思政	科学的思维方法	25				
		批判质疑的科学精神	25				
合计			100				

拓展学习

6-3-1 PPT-退火缺陷

6-3-2 微课-退火缺陷

6-3-3 培训视频-常见退火缺陷分析与处理

6-3-4 PPT-常见退火缺陷分析与处理

6-3-5 短视频-玻璃带纵炸

6-3-6 企业案例-12mm 玻璃退火纵炸问题的处理 Word

6-3-7 企业案例-玻璃粉碎性炸板问题的处理 Word

6-3-8 Word-拓展练习题

6-3-9 Word-拓展练习题答案

6-3-10 Word-思政素材

扫码学习

学习任务6-4　玻璃带弯曲缺陷分析与处理

任务描述

国家标准规定玻璃带弯曲度不超过0.2%，在生产中玻璃带经常发生弯曲，有上凸弯曲和下凹弯曲两种现象，弯曲度超过国家标准则为不合格品，因此，必须找到玻璃带发生弯曲的原因，进行正确处理，保证玻璃带弯曲度在国家标准要求范围之内。

学习目标

素质目标	知识目标	技能目标
1. 培养岗位责任心、职业担当； 2. 预防重于后期解决，防患于未然，强化学生的质量意识	1. 熟悉玻璃生产中弯曲的表现种类； 2. 掌握引起弯曲的主要原因及处理措施	1. 能分析玻璃带生产过程中发生弯曲的原因并提出处理措施； 2. 能在日常生产中维持稳定的退火工艺制度，防止弯曲的发生

任务书

某浮法生产线，经常发生玻璃带上凸弯曲和下凹弯曲，出现大量不合格品，影响产量和经济效益，请你分析原因并提出有效的预防处理措施。

任务分组

表6-4-1　学生任务分配表

班级		组号		日期	
组长		指导教师			

续表

<table>
<tr><td>班级</td><td></td><td>组号</td><td></td><td>日期</td><td></td></tr>
<tr><td>组员</td><td colspan="5">

姓名	学号	姓名	学号

</td></tr>
<tr><td>任务分工</td><td colspan="5"></td></tr>
</table>

获取信息

引导问题 1：请描述玻璃带上凸弯曲现象，分析发生玻璃带弯曲的原因。

小提示

上凸弯曲（图 6-4-1），玻璃带中间高，两边低，从横断面看，上表面长，下表面短，呈凸面状，显示大面积弯曲不平。玻璃带上下表面对称等速冷却时，沿玻璃板厚度方向的应力分布对称，如玻璃带上下表面冷却速度不相同，即不对称冷却，则会由于沿厚度温度分布不对称而引起玻璃板厚度方向应力分布不对称，产生厚度应力。

上凸弯曲的处理方法：在退火温度下限以前的部位，降低下表面温度或升高上表面温度（目的是减小上下温差）。

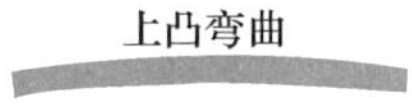

上凸弯曲

图 6-4-1　玻璃带上凸弯曲

建材类产品的质量直接关系到建筑的安全，缺陷产品越少，说明企业的质量控制和生产管理水平越高。每个员工守好自己的一段渠，有强烈的岗位责任心、有职业担当，降低本生产环节产生缺陷的概率，汇聚起来就能提高成品率，提高产品质量。

引导问题 2：请描述玻璃带下凹弯曲现象，玻璃带发生下凹弯曲的原因是什么？

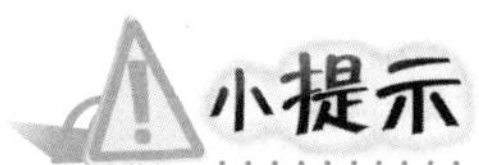

玻璃板在退火区域中，如果下表面冷得快，上表面温度高于下表面，使沿厚度方向温度分布不对称，当玻璃冷却到室温温度均衡时，会引起应力分布不对称，压应力就会向冷得快的那一面偏移，如图 6-4-2 所示。玻璃中应力分布不平衡，玻璃则力图改变这种应力的不平衡状态而引起变形。由于下表面压应力大于上表面，玻璃带向上弯曲，使下表面受拉张，上表面受压缩，形成下凹弯曲现象。因而，抵消一部分玻璃中原来的应力，而使应力分布或多或少趋于平衡。

当玻璃冷却到室温切裁后发现玻璃板有弯曲现象，说明玻璃在退火区冷却时，上下表面冷却不一致，严重时会发生炸板。

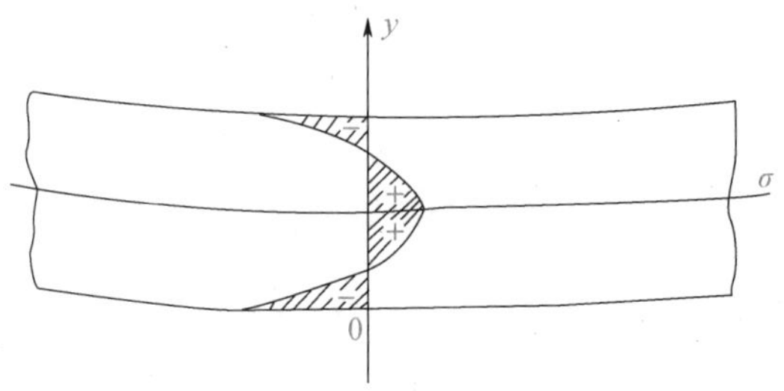

图 6-4-2　玻璃带下凹弯曲现象

引导问题 3：为了减少经济损失，应该避免玻璃带发生弯曲缺陷，你有何预防措施？

____

____

____

____

____

____

引导问题 4：企业生产中经常会出现各种问题，在处理问题方面应该具体问题具体分析，灵活处理，不墨守成规认死理，你最常用的分析问题方法有哪些？

____

____

____

____

____

____

工作实施

某浮法生产线设计生产能力为 600t/d，玻璃板厚度为 3～12mm，最大原板宽度为 3700mm。

生产 4mm 玻璃时，出现一侧板松，边部形成隆起的硬弯；在线切裁困难，纵切不走刀印，多角或少角，极易发生横向炸板。此侧弯曲度也严重超标，钢化时易炸炉，无法应用于中空玻璃生产，客户投诉多，生产损失较大。

请你根据上述情况写出简单的案例分析报告。

____

____

____

____

____

____

____

____

____

评价反馈

表 6-4-2　评价表

序号	评价项目	评分标准	分值	评价			综合得分
				自评	互评	师评	
1	弯曲原因的分析	能分析应力变化引起弯曲的规律	10				
2	弯曲的处理方法	能够提出弯曲发生后的处理方法	10				
3	弯曲的控制措施	能够采用多种方法控制防止弯曲	10				
4	案例分析报告	分析合理，用语规范，格式正确	20				
5	课程思政	责任心，职业担当意识	25				
		质量意识	25				
合计			100				

拓展学习

6-4-1 PPT-玻璃带弯曲及处理

6-4-2 微课-退火缺陷

6-4-3 培训视频-常见退火缺陷分析与处理

6-4-4 教学案例-玻璃板弯曲的原因分析与处理

6-4-5 企业案例-4mm 玻璃板弯曲问题的处理

6-4-6 Word-拓展练习题

6-4-7 Word-拓展练习题答案

6-4-8 Word-思政素材

扫码学习

学习任务6-5　主传动停车事故处理

任务描述

退火窑传动及输送辊道的作用是将玻璃带从锡槽拉引出来，送入退火窑退火，再送到冷端。具体说就是退火窑传动站的动力通过通轴传到小齿轮，小齿轮将动力传到大齿轮，带动辊子转动，将玻璃带带走。但由于各种原因传动系统会发生停车事故，如果处理不及时，将会酿成严重后果，因此主传动一旦停车，必须立即处理。

学习目标

素质目标	知识目标	技能目标
1. 强化专项作业的安全意识、预防事故的责任意识； 2. 掌握事物管理的方法和原则； 3. 树立敬畏心和责任心	1. 掌握主传动系统结构组成； 2. 掌握主传动工作原理； 3. 掌握各传动站的作用	1. 能对主传动停车故障做出正确分析处理； 2. 能制定主传动停车预防方案

任务书

某浮法生产线生产正常进行，突然发生了主传动停车事故，请你分析原因并做出处理。为了防止主传动停车事故的再次发生，请做出预防方案。

任务分组

表6-5-1　学生任务分配表

班级		组号		日期	
组长		指导教师			

续表

<table>
<tr><td>班级</td><td></td><td>组号</td><td></td><td>日期</td><td></td></tr>
<tr><td>组员</td><td colspan="5"><table><tr><td>姓名</td><td>学号</td><td>姓名</td><td>学号</td></tr><tr><td></td><td></td><td></td><td></td></tr><tr><td></td><td></td><td></td><td></td></tr><tr><td></td><td></td><td></td><td></td></tr><tr><td></td><td></td><td></td><td></td></tr></table></td></tr>
<tr><td>任务分工</td><td colspan="5"></td></tr>
</table>

获取信息

引导问题 1：请搜集资料，学习浮法玻璃退火窑传动系统的结构和功能。

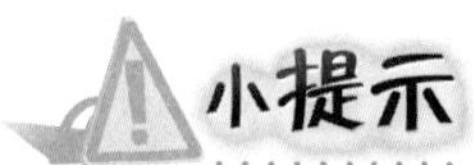

小提示

退火窑传动及输送辊道结构如图 6-5-1 所示。

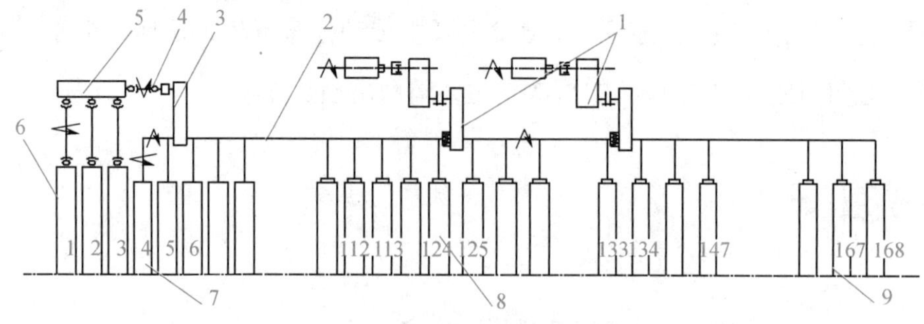

图 6-5-1　退火窑传动系统结构

1—传动站；2—通轴及正交齿轮；3—到过渡辊台过桥箱；4—联轴器；5—变速箱；6—过渡辊台辊子；7—可调辊；8—固定钢辊；9—石棉辊

引导问题 2：浮法玻璃退火窑传动系统一般有几个传动站，速度有何要求？

____

____

____

____

____

____

小提示

退火窑的传动站一般为一用一备（图 6-5-2），退火窑辊道正常工作时，由一个传动站带动，当工作的传动站出现故障时，另一个传动站自动投入正常运行。备用传动站以使用传动站 95%的速度运行以待备用，也有用 3 个以上传动站的，这时有一个为备用传动站。传动站的设置根据退火窑的结构确定。无论设立多少个传动站，其组成都基本相同，即由直流变频电机、高速减速箱、带超越离合器的变速箱、安全防护罩、联轴器以及与之相连接的传动通轴和正交齿轮等组成，即电机的转动通过高速传到带离合器的过桥减速箱，再通过通轴传到正交齿轮，正交齿轮带动辊子转动，从而完成玻璃的输送。为保证设备及人身安全，在两联轴器处设有安全防护罩。除此之外，传动站配有专门的控制，包括变频器及速度检测和两传动站之间的转化调节装置。为了保证辊子在停电情况下不停转，控制系统接有 UPS 不间断电源。

图 6-5-2　传动站

通过主传动停车故障，引入生产安全管理理念。上医治未知之病，中医治预知之病，下医治已知之病。事故是可以避免的，在生产过程中发生事故不是必然的。因此，要坚持安全生产管理方针：安全第一、预防为主、综合治理。

引导问题3：主传动停车一般都有哪些原因？

引导问题4：主传动停车后应该如何处理？

系统的方法是辩证唯物主义关于事物普遍联系和运动学说的具体体现，更是研究复杂系统、实现现代化管理的有效工具。只要掌握和运用系统方法的一般原则，就能高质高效地完成工作任务。引导学生理解并掌握事故管理的方法和原则。

引导问题5：企业生产实际案例分析

某浮法企业一线中午12:30左右，锡槽班长突然发现瞬间停电，退火窑风机停，但拉边机、主传动正常运行，于是安排操作人员启动风机恢复生产。下午15:00左右，锡槽看量工突然发现锡槽出口玻璃板停止运行，拉边机停转，以为又停电了，但奇怪的是其他风机未停，于是马上通知相关人员到现场处理事故。管理人员到现场后，迅速要求机电部主任组织查找原因，并安排锡槽做砸头子处理。

小组讨论分析，写出案例分析报告。

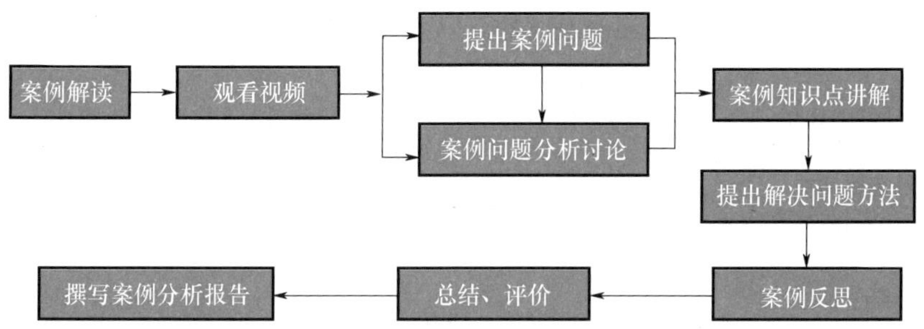

工作实施

通过对退火窑传动系统结构、功能的学习，了解传动系统对浮法玻璃生产的重要性，一旦停车，将会造成严重事故，请你总结传动系统停车的原因，并给出处理方案。

____

____

____

____

退火窑的传动系统是保证玻璃生产线正常生产的重要条件之一，一旦发生停车事故，如果处理不及时，将会酿成严重后果。因此，要求员工要有敬畏心、责任心。粗心大意、自以为是的员工不能胜任这项工作。

评价反馈

表 6-5-2　评价表

序号	评价项目	评分标准	分值	评价			综合得分
				自评	互评	师评	
1	传动系统结构和工作原理	能清楚说明传动系统的结构和工作原理	10				

续表

序号	评价项目	评分标准	分值	评价			综合得分
				自评	互评	师评	
2	各传动站的作用	能说明各传动站的作用	10				
3	传动系统停车原因分析	能分析造成停车的原因	10				
4	传动系统停车处理措施	能迅速做出正确的处理方案	10				
5	主传动停车预防方案	能制定主传动停车预防方案	10				
6	课程思政	安全意识、责任意识	15				
		事物管理的方法和原则	15				
		敬畏心和责任心	20				
合计			100				

拓展学习

6-5-1 PPT-主传动构成与操作

6-5-2 PPT-退火窑传动系统

6-5-3 视频-主传动构成与操作

6-5-4 Word-主传动停车事故

6-5-5 Word-主传动停车事故原因分析

6-5-6 Word-拓展练习题

6-5-7 Word-拓展练习题答案

6-5-8 Word-思政素材

扫码学习

参 考 文 献

[1] 周美茹. 玻璃成形退火操作与控制. 北京：化学工业出版社，2012.